普通高等教育"十二五"规划教材·艺术与设计

Premiere 影视编辑实用教程

程明才　编著

电子工业出版社
Publishing House of Electronics Industry
北京·BEIJING

内 容 简 介

Adobe Premiere 是国内学习专业视频编辑公认的首选软件，本书为学习其首个官方简体中文版 Premiere Pro CC 的实例型教程，由 Adobe 认证教师与影视制作专家总结多年教学与制作经验编著。全书分为 15 章，从基本操作流程开始，设置专项的知识点和应用实例，理论结合实践，系统介绍 Premiere Pro CC 的功能操作，帮助读者快速、有效地学习日常工作中必须掌握的制作技术。本书附光盘一张，内容为本书中案例的项目文件、素材文件及案例效果（其中案例效果视频文件预览详见华信教育资源网 www.hxedu.com.cn）。

本书精选重要的、关键的和实用的知识点，内容循序渐进，规范制作，并有一定的深度，适合作为高校相关专业的教材，也可供广大自学人员学习使用。

未经许可，不得以任何方式复制或抄袭本书之部分或全部内容。

版权所有，侵权必究。

图书在版编目（CIP）数据

Premiere影视编辑实用教程 / 程明才编著. —北京：电子工业出版社，2015.3
ISBN 978-7-121-25631-8

Ⅰ. ①P… Ⅱ. ①程… Ⅲ. ①视频编辑软件－教材 Ⅳ. ①TN94

中国版本图书馆CIP数据核字(2015)第043842号

策划编辑：章海涛
责任编辑：冉　哲
印　　刷：北京虎彩文化传播有限公司
装　　订：北京虎彩文化传播有限公司
出版发行：电子工业出版社
　　　　　北京市海淀区万寿路173信箱　邮编：100036
开　　本：787×1092　1/16　印张：19.25　字数：492.8千字
版　　次：2015年3月第1版
印　　次：2022年7月第7次印刷
定　　价：72.00元

凡所购买电子工业出版社图书有缺损问题，请向购买书店调换。若书店售缺，请与本社发行部联系，联系及邮购电话：（010）88254888。
质量投诉请发邮件至zlts@phei.com.cn，盗版侵权举报请发邮件至 dbqq@phei.com.cn。
服务热线：（010）88258888。

读者对象

Adobe Premiere 是专业视频编辑制作者和爱好者进行视频编辑制作时不可缺少的一款应用软件，国内视频制作人员大多是从使用历史版本的 Premiere 开始进入影视编辑行业的。当前 Adobe 公司推出了首个简体中文版的 Premiere Pro CC，为国内广大使用者和学习者带来语言上的便利，使用人群将会更加广泛。本书面向学习 Adobe Premiere Pro 的视频编辑制作人员、电影电视制作者、DV 制作爱好者及相关艺术院校学生。本书提取软件中重要的、关键的和实用的知识点，内容由基础循序渐进，并有一定的深度，对正在使用 Adobe Premiere Pro 软件的朋友来说也有参考和借鉴的作用。

本书的结构及教学流程

本书以循序渐进的教学流程，设置了 15 章的内容。前 12 章从基本操作流程开始，介绍软件的剪辑操作及各项功能制作，理论结合实践，每章设置专项的理论知识与应用实例，系统讲解 Premiere Pro CC 的各部分知识点。后 3 章列举外挂插件实例、综合功能实例及与 After Effects 联合使用的软件综合制作实例。全书的内容结构见图 1。

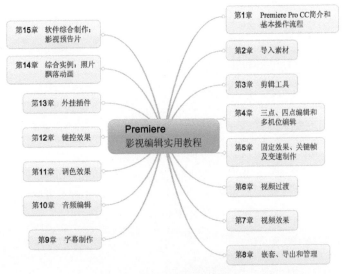

图 1　全书的内容结构

可以通过本书学习以下内容。

第 1 章　讲解非线性视频编辑软件的概念、Premiere 众多版本的前后顺序与区别、Premiere Pro CC 的安装要求、界面内容、工作区布局、面板调整等，并按操作流程学习制作简单实例。

第 2 章　讲解可导入的素材格式、预设静态图像时长、导入动态序列图像、导入分层图像及其他项目文件，对素材属性进行解释修改，并导入素材制作胶片影像实例。

第 3 章　讲解 11 种剪辑工具的使用方法并制作一个介绍工具使用的实例。

第 4 章　讲解在源面板中查看素材、剪辑和添加到时间轴、三点和四点编辑的操作方法，并进行多机位实例的剪辑。

第 5 章　讲解素材"效果控件"面板中固定效果的使用，包括素材基本运动属性设置、关键帧的基本操作、关键帧路径调整和图表视图、素材的透明属性及融合模式，并介绍视频的变速、倒放、定格、时间重映射无级调速的操作方法，最后制作一个静物变动的关键帧动画实例。

第 6 章　讲解过渡的使用，其中涉及过渡的重复帧现象、添加大批量过渡时的技巧、向时间轴中自动添加批量素材时的过渡设置等，最后制作对画中画应用过渡效果的实例。

第 7 章　讲解效果的使用方法、效果的添加顺序、替代固定效果以控制效果顺序、效果的复制和粘贴、使用调整图层应用效果、使用预置效果、效果的 GPU 加速、视频效果的简介等，最后制作画中画包装效果的实例。

第 8 章　讲解嵌套序列的操作及注意点、使用素材箱进行管理、移除未使用资源、定义缩览图、常用首选项设置、导出各类常用文件的设置、使用 Media Encore 输出、备份管理项目文件和素材等，最后利用嵌套功能制作平板电脑操作动画的实例。

第 9 章　讲解简单字幕的建立、设置字幕样式、制作简单视频画面与字幕版式、对图形与文字进行对齐与排列、制作立体文字与立体图标、排版字幕、制作和设置滚动及游动字幕，最后制作 MTV 字幕动画实例。

第 10 章　讲解音频的链接、过渡和音量的调节，单声道、立体声和 5.1 声道的设置和转换，音频效果简介，音轨混合器中的基本操作和实用功能，最后制作视 / 音频紧密结合的实例效果。

第 11 章　讲解几个自动调色效果的使用、亮度曲线和 RGB 曲线的使用、颜色过滤与分色的使用、色阶的使用、快速颜色校正器的使用、三向颜色校正器的使用、电视播出的颜色控制等，最后制作将风景调色为四季效果的实例。

第 12 章　讲解键控效果去除背景的操作方法、超级键的使用、无用信号遮罩的使用、轨道遮罩键的使用等，最后制作一组键控效果的实例。

第 13 章　演示几个实用的外挂插件，包括光效插件、镜头脱焦与景深插件、降噪插件和过渡插件实例制作。

第 14 章　综合使用 Premiere Pro CC 自身的功能制作照片飘落动画。

第 15 章　利用软件的动态链接功能，将 After Effects CC 中制作的精彩动画合成，不经过渲染输出，直接在 Premiere Pro CC 中导入合成来进行编辑制作。

参编人员

参加本书的编写与提供帮助的人员还有程瑶、徐建云、陈春林、海宝、胡娟、周芹、马呼和、李霞、朱樱楠、米晓飞、李业刚、高宝瑞、张东旭、包伟东、赵立君、时述伟、杨红、刘兵、刘焱、曹军等。

附录与光盘

1．附录 A

介绍 Premiere Pro CC 自定义快捷键的方法和精选出常用的快捷键。

2．光盘内容

本书附光盘一张，内容为本书中案例的项目文件、素材文件及案例效果（其中案例效果视频文件预览详见华信教育资源网 www.hxedu.com.cn）。

第 1 章　Premiere Pro CC 简介和基本操作流程 1

　　1.1　非线性视频编辑软件简介 2

　　1.2　Premiere 概述及版本区别 2

　　1.3　Premiere Pro CC 的系统要求 3

　　1.4　软件的操作界面 4

　　1.5　工作区布局 6

　　1.6　面板的调整操作 7

　　1.7　Premiere Pro CC 的基本操作流程 9

　　1.8　基本操作流程实例：世界博览 10

　　思考与练习 15

第 2 章　导入素材 17

　　2.1　可导入的素材格式 18

　　2.2　静态图像的时长预设 19

　　2.3　导入动态序列图像 20

　　2.4　导入分层图像 21

　　2.5　导入其他 Premiere Pro CC 项目文件 24

　　2.6　素材属性解释 24

　　2.7　实例：导入素材制作胶片影像 27

　　思考与练习 34

第 3 章　剪辑工具 35

　　3.1　工具的显示方式及简介 36

　　3.2　6 种直观易懂的工具 37

　　3.3　波纹编辑工具 40

　　3.4　滚动编辑工具 41

　　3.5　变速工具 42

　　3.6　外滑工具 43

　　3.7　内滑工具 46

　　3.8　实例：工具介绍 48

　　思考与练习 52

第 4 章　三点、四点编辑和多机位编辑 53

　　4.1　在源面板中查看素材 54

　　4.2　从源面板向时间轴添加素材 55

4.3 三点编辑操作 56

4.4 四点编辑操作 58

4.5 实例：多机位编辑 60

思考与练习 65

第 5 章 固定效果、关键帧及变速制作 67

5.1 素材基本运动属性 68

5.2 关键帧的基本操作 69

5.3 关键帧路径调整和图表视图 71

5.4 素材的透明属性及融合模式 76

5.5 视频的快、慢放与倒放 77

5.6 视频的定格 78

5.7 使用时间重映射无级调速 80

5.8 视音频素材变速时的音频问题 82

5.9 实例：静物变动 83

思考与练习 89

第 6 章 视频过渡 90

6.1 过渡的基本操作 91

6.2 过渡的重复帧 93

6.3 改变默认过渡 95

6.4 复制和粘贴过渡 96

6.5 向时间轴中自动匹配序列时添加过渡 96

6.6 实例：画中画过渡 97

思考与练习 106

第 7 章 视频效果 107

7.1 效果的添加、关闭和删除操作 108

7.2 效果的顺序和替代 109

7.3 效果的复制和粘贴 112

7.4 使用调整图层应用效果 113

7.5 使用预置效果 115

7.6 视频效果的 GPU 加速 116

7.7 视频效果简介 118

7.8 实例：画中画效果 123

思考与练习 128

第 8 章 嵌套、导出和管理 130

8.1 嵌套的操作 131

8.2 嵌套序列的优点 132

8.3 嵌套序列的注意点 133

8.4 使用素材箱管理项目面板 133

8.5 从项目面板中移除未使用资源 135

8.6 为剪辑定义不同的缩览图 135

8.7 首选项设置 136

8.8 导出设置 138

8.9 使用 Media Encore 输出 142

8.10 备份管理 143

8.11 实例：嵌套制作 145

思考与练习 157

第 9 章 字幕制作 158

9.1 建立简单字幕并设置字幕样式 159

9.2 简单画中画版式 161

9.3 图形与文字的对齐与排列 162

9.4 立体文字与图标字幕 165

9.5 排版字幕 167

9.6 竖排字幕 170

9.7 上滚字幕 172

9.8 游动字幕 174

9.9 实例：MTV 字幕动画 175

思考与练习 184

第 10 章 音频编辑 186

10.1 音频链接 187

10.2 音频过渡 188

10.3 音频音量的调节 190

10.4 单声道、立体声和 5.1 声道 192

10.5 音频效果 196

10.6 音轨混合器面板中的操作 198

10.7 实例：摄影抓拍声画效果 200

思考与练习 211

第 11 章 调色效果 212

11.1 自动调色效果 213

11.2 亮度曲线和 RGB 曲线 214

11.3 颜色过滤与分色 215

11.4 色阶 217

11.5　快速颜色校正器 218

11.6　三向颜色校正器 220

11.7　电视播出的颜色控制 223

11.8　实例：风景调色 225

思考与练习 236

第 12 章　键控效果 237

12.1　使用键控效果去除背景 238

12.2　超级键 239

12.3　使用无用信号遮罩 242

12.4　轨道遮罩键 243

12.5　实例：无处不在的键控 244

思考与练习 253

第 13 章　外挂插件 254

13.1　实例 1：光效插件 Shine 和 Starglow 255

13.2　实例 2：镜头脱焦与景深插件 260

13.3　实例 3：降噪插件 266

13.4　实例 4：过渡插件 267

思考与练习 270

第 14 章　综合实例：照片飘落动画 271

14.1　实例介绍 272

14.2　实例制作步骤 272

思考与练习 283

第 15 章　软件综合制作：影视预告片 284

15.1　实例介绍 285

15.2　实例制作步骤 286

思考与练习 295

附录 A　Premiere Pro CC 快捷键精选 296

第1章

Premiere Pro CC 简介和基本操作流程

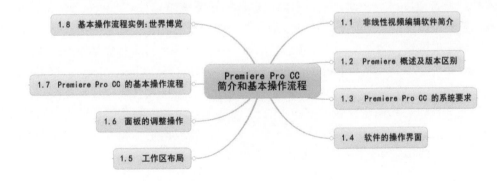

- 1.8 基本操作流程实例:世界博览
- 1.7 Premiere Pro CC 的基本操作流程
- 1.6 面板的调整操作
- 1.5 工作区布局

Premiere Pro CC
简介和基本操作流程

- 1.1 非线性视频编辑软件简介
- 1.2 Premiere 概述及版本区别
- 1.3 Premiere Pro CC 的系统要求
- 1.4 软件的操作界面

Adobe Premiere Pro 是一款目前流行的视频编辑应用软件，是数码视频编辑的强大工具，作为功能强大的多媒体视频、音频编辑软件，应用范围不胜枚举，制作效果美不胜收，足以协助用户高效地工作。Adobe Premiere Pro 以其新的合理化界面和通用高端工具，兼顾了广大视频用户的不同需求，提供了前所未有的生产能力、控制能力和灵活性。Adobe Premiere Pro 是一个创新的非线性视频编辑应用程序，也是一个功能强大的实时视频和音频编辑工具，是视频爱好者们使用最多的视频编辑软件之一。

1.1　非线性视频编辑软件简介

专业的视频编辑软件通常被称为非线性视频编辑软件，非线性这一概念是从电影剪辑中借用而来的，下面先了解与之对应的线性编辑。

传统线性视频编辑是按照信息记录顺序，从磁带中重放视频数据来进行的，需要较多的外部设备，如放像机、录像机、特技发生器、字幕机，工作流程十分复杂。传统的录像带编辑、素材存放都是有次序的，必须反复搜索，并在另一个录像带中重新安排它们，因此称为线性编辑。

从狭义上讲，非线性编辑是指剪切、复制和粘贴素材时不需在存储介质上重新安排它们。从广义上讲，非线性编辑是指用计算机编辑视频的同时，还能实现诸多的效果处理。

因为线性编辑方式早已淘汰，当前非线性的概念也被弱化，所以对这类软件通常直接称为视 / 音频编辑软件。又因为视频文件中包含音频部分，针对音频的操作在大多数编辑制作中所占比例较小，所以对这类视 / 音频编辑软件简称为视频编辑软件。专业常用的视频编辑软件有 Adobe 公司的 Premiere Pro 和苹果公司的 Final Cut Pro 等。

1.2　Premiere 概述及版本区别

Adobe Premiere Pro 是视频编辑爱好者和专业人士必不可少的编辑工具，可以提升创作能力和创作自由度，是一款易学、高效、精确的视频编辑软件。Adobe Premiere Pro 提供了采集、剪辑、调色、美化音频、字幕添加、输出等一整套流程，并与其他 Adobe 软件高效集成，可以完成编辑、制作、工作流中遇到的各种操作，满足创建高质量作品的众多要求。

Adobe 公司另一款与 Premiere Pro 相似的制作软件 After Effects（简称 AE），是 Premiere Pro 的兄弟产品，是一套动态图形的设计工具和特效合成软件，主要应用于动态图形设计、媒体包装和视觉特效。After Effects 偏重于处理长度为若干秒的复杂特效或包装，Premiere Pro 则偏重于处理长度为若干分钟的视频剪辑，用于视频段落的组合和拼接，并提供一定的特效与调色功能。

例如，一个电视栏目，其中的片头和复杂的小片段包装可以使用 AE 制作，而在 Premiere Pro 中剪辑视频节目内容，然后加入 AE 中制作的片头等包装片段，合成音频、字幕等，最终输出成片。此外，Premiere Pro 和 AE 可以通过 Adobe 动态链接功能，满足复杂的视频制作需求。

Premiere Pro 有着悠久的历史，有以下多个版本：

1991 年推出 Premiere。

1993 年 Adobe 公司推出 Premiere for Windows。

1995 年及之后陆续推出 Premiere for Windows 3.0、Premiere 4.0、Premiere 5.0、Premiere 6.0、Premiere 6.5。

2003 年 7 月推出全新的 Premiere Pro（即 Premiere Pro 1.0），之后分别为 Premiere Pro 1.5、Premiere Pro 2.0。

2007 推出 Premiere Pro CS3（即 Premiere Pro 3.0），之后分别为 Premiere Pro CS4、Premiere Pro CS5、Premiere Pro CS5.5。

2012 年 4 月发布 Premiere Pro CS6（即 Premiere Pro 6.0）。

2013 年 6 月发布 Premiere Pro CC（即 Premiere Pro 7.0），这也是 Premiere Pro 首次推出的简体中文版本。

安装 Premiere Pro 时，如果操作系统是 32 位的，那么只有 CS5 之前的版本可供选择。但是，32 位版本的 Premiere Pro 不能充分发挥配置较高硬件的性能优势，无法充分利用高于 4GB 的内存和多核心处理器。如果系统是 64 位的 Windows 7 或 Windows 8，推荐安装 Premiere Pro CS6 或 CC 版本。Premiere Pro CS6 重新改良了软件内核，带来的性能优化和提速非常明显。

1.3　Premiere Pro CC 的系统要求

Premiere Pro CC 在 Windows 系统和 Mac OS 系统下的安装需求如下。

Windows

- 英特尔酷睿 2 双核以上或 AMD 羿龙 II 以上处理器。
- Microsoft Windows 7 带有 Service Pack 1（64 位）或 Windows 8（64 位）。
- 4GB RAM（推荐 8GB）。
- 4GB 可用硬盘空间用于安装（因为在安装过程中需要额外的可用空间）。
- 需要额外的磁盘空间用于预览文件和其他工作档案（建议 10GB）。
- 1280×800 屏幕。
- 7200 RPM 或更快的硬盘驱动器（多个快速的磁盘驱动器，优选 RAID 0 配置）。
- 声卡兼容 ASIO 协议或 Microsoft Windows 驱动程序。
- QuickTime 的功能所需的 QuickTime 7.6.6 软件。
- 可选：Adobe 认证的 GPU 卡的 GPU 加速性能。

Mac OS

- 多核英特尔处理器。
- Mac OS X 的 10.7 版或 10.8 版。
- 4GB 的 RAM（推荐 8GB）。
- 4GB 的可用硬盘空间用于安装（无法安装在使用区分大小写的文件系统中，可移动闪存存储设备在安装过程中需要额外的可用空间）。
- 需要额外的磁盘空间用于预览文件和其他工作档案（建议 10GB）。
- 1280×800 屏幕。
- 7200 转硬盘驱动器（多个快速的磁盘驱动器，优选 RAID 0 配置）。

- QuickTime 的功能所需的 QuickTime 7.6.6 软件。
- Adobe 认证的 GPU 卡的 GPU 加速性能（可选）。

1.4　软件的操作界面

启动 Premiere Pro CC，先显示加载画面，然后打开欢迎屏幕，在其中可以新建或打开项目文件。这里以打开一个项目文件的方式来说明软件的操作界面，单击"打开项目"按钮，如图 1-1 所示。

图 1-1　Premiere Pro CC 的加载画面和欢迎屏幕

选择本书光盘中提供的项目文件，如图 1-2 所示，单击"打开"按钮。

图 1-2　选择项目文件

Premiere Pro CC 的整个操作界面由标题栏、菜单栏、帧区域、帧区域中多个成组面板或单独的面板、状态栏组成，如图 1-3 所示。在操作中还有弹出菜单、弹出对话框等。

Premiere Pro CC 默认的操作界面中显示有项目面板、时间轴面板、节目监视器面板、源监视器面板、工具面板和音频仪表面板，如图 1-4 所示。

项目面板：用于放置和管理整个项目的素材文件、序列、字幕等内容，其中标签显示当前项目的名称。

时间轴面板：包括多个视频和音频轨道，其中放置来自项目面板的素材和文字等内容，可以利用工具面板中的工具进行剪辑，完成添加视 / 音频效果、添加过渡效果、设置动画关键帧等操作，制作需要的影片效果。

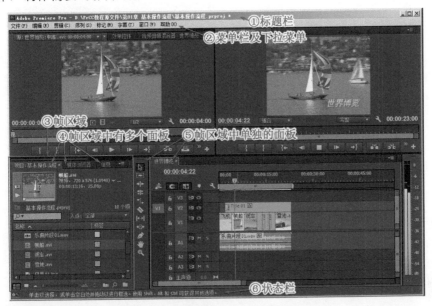

图 1-3　Premiere Pro CC 界面的组成

图 1-4　Premiere Pro CC 界面中的主要面板

节目监视器面板：时间轴中各种制作的最终体现，用于预览影片的实际效果。

源监视器面板：单一的源素材效果。节目监视器面板中显示的是时间轴中素材片段添加效果之后或多个片段合成后的效果，源监视器面板中显示的是项目面板中或时间轴面板中某个素材的原始画面。

工具面板：用来进行剪辑操作的工具，如选择工具、剃刀工具、钢笔工具、缩放工具等。

音频仪表面板：显示当前时间轴中序列的音频轨道及音量大小。当音量过大时，仪表顶部将显示有红色的警示，可以防止音频失真。

1.5 工作区布局

选择菜单命令"窗口"→"工作区"，可以看到子菜单中默认选中"编辑"命令，表示软件的默认工作界面为"编辑"界面。在 Premiere Pro CC 之前的工作界面则习惯性地将项目面板放置在界面的左上角，可以使用"编辑（CS5.5）"这个选项来调用这种界面布局方式。另外，勾选"导入项目中的工作区"后，打开原有项目时将使用原项目编辑时的工作区布局。"工作区"子菜单选项如图 1-5 所示。

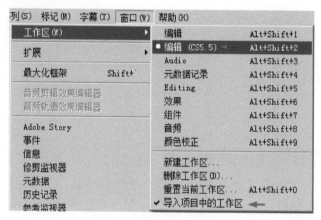

图 1-5　"工作区"子菜单选项

选择菜单命令"窗口"→"工作区"→"编辑（CS5.5）"后，工作界面布局方式发生变化，项目面板出现在界面左上角，如图 1-6 所示。

图 1-6　早期常用的工作区布局

在"工作区"子菜单中还有其他几种布局方式，例如，选择"效果"选项，将显示效果面板和效果控件面板，前者用来选择添加的效果，后者用来对添加的效果进行设置。这种布局便于进行效果制作。

1.6 面板的调整操作

　　界面中默认划分为多个帧区域，每个帧区域中放置一个或多个面板。对于各个面板，可以使用鼠标进行大小的调整，例如，在两个面板之间水平或垂直调整面板的相对大小比例，或者在三个或四个面板相交点处同时调整面板相对的大小比例。不同位置鼠标指针形状不同，如图 1-7 所示。

图 1-7　调整面板的大小比例

　　默认界面中的面板都放置在帧区域中，便于界面的管理。在操作时可以将某个面板从帧区域中分离出来成为浮动面板，也可以关闭某些面板或帧区域。在面板的标签处右击，或者在面板所处帧区域右上角单击弹出菜单按钮，都将弹出菜单，显示相应的面板和帧操作，如图 1-8 所示。其中，"最大化帧"的快捷键为 Shift+"～"组合键。各选项说明如下。

图 1-8　弹出菜单

　　浮动面板：将当前有黄色轮廓处于激活状态的面板从帧区域中脱离出来，形成浮动面板，如图 1-9 所示。

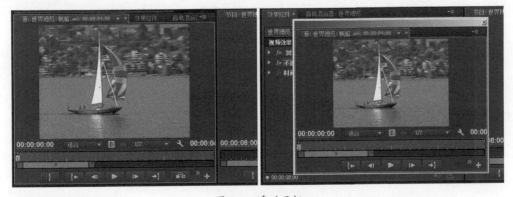

图 1-9　浮动面板

> **提　示**
>
> 　　如果原来所在的帧区域中仅有一个面板，则这个面板转变为浮动面板后，原帧区域也同时关闭。

　　浮动帧：将帧区域和其中包含的面板一同转变为浮动状态，形成浮动帧区域，如图 1-10 所示。

　　关闭面板：将帧区域中的面板关闭。

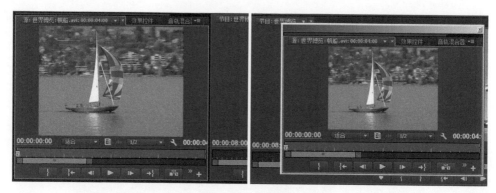

图 1-10　浮动帧

关闭帧：将当前帧区域及其中包含的面板全部关闭。

最大化帧：将当前帧区域在界面中最大化显示，同时将其他帧区域隐藏。最大化之后，弹出菜单中的选项变为"恢复帧大小"（快捷键为 Shift+"～"组合键），如图 1-11 所示。

> **提 示**
>
> 最大化帧的切换操作有两个快捷键，一个为单独的"～"键（在键盘左上部），另一个为 Shift+"～"组合键。两者的区别是，前者激活和放大鼠标指针停留位置的帧面板；后者不检测鼠标指针位置，只放大已激活帧面板。

图 1-11　最大化帧

帧区域中的面板可以根据需要放置到界面中不同的位置，例如，按住鼠标左键从一个帧区域中拖动某个面板的标签至另一个帧区域中部，待显示出目标位置的矩形阴影提示后，松开左键即可将面板移动并放置到新的帧区域中，如图 1-12 所示。

按住鼠标左键从一个帧区域中拖动某个面板的标签至帧区域侧面，待显示出目标位置的梯形阴影提示后，松开左键即可在目标区域建立新的帧区域并放置面板，如图 1-13 所示。

按住鼠标左键从一个帧区域中拖动帧区域右上角至帧区域侧面，待显示出目标位置的梯形阴影提示后，松开左键即可在目标区域放置帧区域和其中的面板，如图 1-14 所示。

图 1-12　移动面板到新的帧区域

图 1-13　将面板移至目标帧的一侧

图 1-14　将帧移至目标帧的一侧

> **提　示**
>
> 当前工作区的操作界面中，如果对面板安排不满意，想回到原来的状态，可以选择菜单"窗口"→"工作区"→"重置当前工作区"，将会恢复到原来的状态。如果对当前的工作区界面不满意，则可以选择菜单"窗口"→"工作区"，在子菜单中选择其他工作区界面。

1.7　Premiere Pro CC 的基本操作流程

初学 Premiere Pro 时，需要先了解其制作的基本流程，这是大多数项目需要执行的常规操作步骤。当然在实际制作过程中可能会有所偏重或跳过中间的某个步骤。Premiere Pro 的基本操作流程如下。

1. 新建项目和序列或打开项目

启动 Premiere Pro CC 软件后，出现欢迎屏幕，提示新建或打开项目文件。首次使用时需要新建项目文件，设置项目文件的路径和名称后，进入软件的操作界面。然后建立序列，制作中需要通过序列制式的设置来确定影片的帧大小、帧速率、像素比等规格。选择或设置好制式后，命名序列名称，建立用来进行影片剪辑的、时间轴形式的序列。如果使用已存在的项目，则启动 Premiere Pro 后第一项工作是打开原项目文件。

2. 导入素材到项目面板中并管理素材

将剪辑制作需要的素材导入到操作界面的项目面板中，素材包括多种主流编辑格式的视频、音频和图像文件，以及相同的 Premiere Pro 软件的项目文件，甚至是 After Effects 等同类软件的文件。在项目面板中还可以建立不同的序列、字幕、彩条、倒计时片头等。当项目面板中的素材较多时，可以建立"素材箱"用于分类放置和管理素材。

3. 安排素材到时间轴中并剪辑

根据制作脚本或自己的想法，将项目面板中的素材放置到序列的时间轴面板中，进行剪辑和组接。其中剪辑操作的方法有多种，可以将项目面板中的素材通过源面板设置入点和出点后再放置到时间轴的轨道中，也可以直接从项目面板中将素材拖至时间轴的轨道中，利用工具面板中不同的工具对其进行剪辑和组接。在音频轨道中放置音频文件或视频文件中的音频部分，在视频轨道中放置视频文件的画面部分、图片及字幕。

4. 设置效果和添加字幕

剪辑制作通常并不只是简单的剪切和组接，其中还涉及很多视频、音频、字幕的效果设置，例如，调色、变速、调整画面大小、合成多个画面到同一屏幕、音频的多音轨混合、效果声设置、制作静态或动态的字幕以及为画面设置其他特殊效果等操作。这些操作通常在简单的粗剪之后进行。

5. 保存项目文件和导出影片

当完成需要效果的制作之后，要确认按 Ctrl+S 组合键保存项目文件。另外，在制作过程中也需要注意项目文件的存储，保存工作成果。选择菜单命令"编辑"→"首选项"→"自动保存"，可以开启自动保存功能。保存完项目文件之后，可以将序列中的制作结果导出为所需要格式的媒体文件，按 Ctrl+M 组合键进行导出媒体设置，可以设置和输出多种当前主流格式的视频、音频及图像文件。

1.8　基本操作流程实例：世界博览

准备好视频文件、图像文件和音乐文件，通过新建项目和序列，导入这些素材，进行剪辑制作，并在最后输出为影片，通过这些操作，掌握 Premiere Pro CC 编辑制作中的基本操作流程。

1. 新建项目和序列

（1）启动 Premiere Pro CC 软件，显示软件的欢迎屏幕，在其中单击"新建项目"按钮，打开"新建项目"对话框，在其中选择项目文件的存储路径，并为项目文件命名，单击"确定"

按钮，进入 Premiere Pro CC 的软件主界面，如图 1-15 所示。

图 1-15　新建项目

（2）接着可以选择菜单命令"文件"→"新建"→"序列"（快捷键为 Ctrl+N 组合键），或者单击项目面板下方的"新建项"按钮并选择"序列"，打开"新建序列"对话框，在"序列预设"选项卡中，展开"可用预设"下的 DV-PAL，选择"标准 48kHz"，并设置序列的名称，如图 1-16 所示。

图 1-16　新建序列

（3）单击"确定"按钮，在界面上方和项目面板的上方显示项目的名称，在项目面板中显示所建立的序列，并显示打开的序列时间轴，如图 1-17 所示。

　　根据需要或者个人习惯，新建序列操作也可以在导入素材之后、剪辑之前进行。

图 1-17　新建项目和序列后的界面

2.导入素材到项目面板

（1）选择菜单命令"文件"→"导入"（快捷键 Ctrl+I 组合键），或者在项目面板中空白处双击鼠标左键，打开"导入"对话框，选择准备好的素材文件，如图 1-18 所示。

图 1-18　打开"导入"对话框，选择素材文件

（2）单击"打开"按钮，将素材导入到项目面板中，可以在项目面板中选择以列表或缩略图的方式显示素材，如图 1-19 所示。

图 1-19　在项目面板中以列表或缩略图的方式显示素材

3．安排素材到时间轴中并剪辑

（1）将音频素材添加到时间轴的音频轨道中，将鼠标指针移至轨道左侧的名称处滚动中键，可以展开并增大轨道高度，显示出音频的波形图示，按"\"键将自动匹配时间轴中的素材为合适的时间标尺显示比例，如图 1-20 所示。

图 1-20　调整轨道高度和时间标尺显示比例

（2）在项目面板中将"飞机 .avi"拖至时间轴的视频轨道中，将时间指示器停留在第 4 秒处，将鼠标指针移至其视频素材尾部的出点位置，当鼠标指针变为调整出点形状时，向左拖至第 4 秒处，即将视频素材剪辑为只保留前 4 秒片段，如图 1-21 所示。

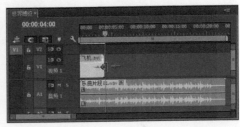

图 1-21　放置素材并调整出点改变长度

（3）同样，将其他素材拖至时间轴中连接在已放置的第一段视频片段之后，其中第二、三段的视频各剪辑为 4 秒时长，三张静态的图片素材各剪辑为 2 秒时长，并剪辑最后一段视频的出点与音频的出点一致，如图 1-22 所示。

图 1-22　放置其他素材并剪辑出点

4．设置效果和添加字幕

（1）确认 V1 轨道处于高亮的选中状态，将时间指示器分别停留在第 14 秒处和第 16 秒处，各按一下 Ctrl+D 组合键，添加默认的"交叉溶解"过渡效果，如图 1-23 所示。

（2）选择菜单命令"文件"→"新建"→"字幕"（快捷键为 Ctrl+T 组合键），打开"新建字幕"对话框,使用默认的"字幕 01"名称,单击"确定"按钮,打开字幕面板。在其中使用文字工具在画面中单击,输入"世界博览",如图 1-24 所示。

图 1-23　添加默认过渡效果

图 1-24　新建字幕

（3）由于默认的字幕格式中使用英文字体,因此中文有时会显示为其他的符号,在"字幕属性"下设置"字体系列"为中文字体,并将"倾斜"设为 15°,使文字倾斜。调整文字的大小,使用选择工具将文字移动放置在视频的右下角位置,勾选"阴影"复选框,如图 1-25 所示。

图 1-25　设置文字

（4）将时间指示器停留在第 2 秒处,从项目面板中将所建立的字幕拖至时间轴视频的 V2 轨道中,将其入点放置在第 2 秒的位置,单击 V2 轨道使其处于高亮选中状态,按 Ctrl+D 组合键为字幕片段的入点添加"交叉溶解"过渡效果。然后用鼠标拖动字幕片段的出点,将其延长至已有视 / 音频片段的最后出点位置,如图 1-26 所示。

图 1-26　放置字幕到视频轨道并调整入点和出点

5．保存项目文件和导出影片

（1）以上完成了一个简单的影片剪辑制作，按 Ctrl+S 组合键保存项目文件。

（2）可以将结果导出为一个影片文件。选择菜单命令"文件"→"导出"→"媒体"（快捷键为 Ctrl+M 组合键），打开"导出设置"对话框，在其中将"格式"设置为 AVI，将"预设"设置为 PAL DV，在"导出名称"后设置导出文件的目标路径和名称，确认勾选"导出视频"和"导出音频"复选框，单击"导出"按钮，导出影片，如图 1-27 所示。

图 1-27　导出影片

（3）输出的结果为目标路径中的一个 AVI 视频文件。

提　示

对于重要的项目文件和其中的素材，还需要对其进行备份操作，这将在之后的内容中进行讲解。

思考与练习

一、思考题

1．非线性编辑与线性编辑有何不同？

2．指出 Premiere Pro 2.0、Premiere 6.5、Premiere Pro CS6 以及 Premiere Pro CC 这几个版本发布的先后顺序，哪些可以使用 64 位的操作系统？

3．Premiere Pro CC 中有哪些常用面板？

4．Premiere Pro CC 的基本操作是怎样的流程？一定需要在导入素材之前新建序列吗？

二、练习题

1．在软件操作界面中，打开一些新的面板，再关闭一些面板，调整面板布局，然后恢复操作界面到原始的状态，并切换不同的工作区布局，使自己完全能够掌控软件操作界面的变化。

2．导入素材制作简单的影片并输出，经历一个视频编辑操作的完整流程。

第 2 章

导入素材

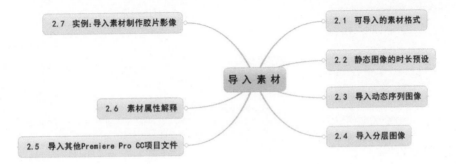

2.7 实例:导入素材制作胶片影像

2.1 可导入的素材格式

导入素材

2.2 静态图像的时长预设

2.6 素材属性解释

2.3 导入动态序列图像

2.5 导入其他Premiere Pro CC项目文件

2.4 导入分层图像

在使用 Premiere Pro CC 时，需要将素材文件先导入到项目面板中。通常这些素材的来源中有一类为拍摄的素材。

早期磁带摄像机拍摄的素材需要先通过连接设备捕捉到计算机中。在 Premiere Pro CC 中，选择菜单命令"文件"→"捕捉"（快捷键为 F5 键），来捕捉输出设备中的视/音频信号，保存到计算机中。捕捉操作需要具备的条件：一是计算机中需要安装有相应的捕捉硬件，例如视频捕捉卡（或称为采集卡）；二是将放像机或有放像输出功能的摄像机连接捕捉硬件；三是在软件中设置对应的捕捉设备控制。捕捉操作需要在播放的同时花费相同的时间来捕捉，除去操作所花费的时间外，有时还需要额外的转码时间，比较低效。

当前，随着硬盘和闪存存储方式的普及，新的数码摄影、摄像设备不再需要使用捕捉的方式来使用拍摄的素材，而是直接从摄像硬盘或闪存卡中，将拍摄的素材复制到计算机的硬盘中，高效便捷。

另外，除了拍摄的视频素材外，还有来源广泛的各种视频、音频、图像，以及相关软件制作的可导入的文件，这些都可以作为素材导入到 Premiere Pro CC 的项目面板中，在编辑时加以利用。

2.1　可导入的素材格式

Premiere Pro CC 可以导入当前主流视频制作格式中的绝大多数格式，在"导入"对话框中可以查看支持的文件格式，如图 2-1 所示。

All Supported Media (*.264;*.3G2;*.3GP;*.3GPP;*.AAC;*.AAF;*.AC3;*.AEP;*.AEPX;*.AI;*.AIF;*.AIFF;*.ARI;*.ASF;*.ASND;*.ASX;*.AVC;*.AVI;*.BMP;*.BWF;*.CIN;*.DIB;*.DIF;*.DPX;*.DV;*.EDL;*.
AAF (*.AAF)
ARRIRAW Files (*.ARI)
AVI Movie (*.AVI)
Adobe After Effects Projects (*.AEPX)
Adobe Audition Tracks (*.XML)
Adobe Illustrator File (*.AI;*.EPS)
Adobe Premiere 6 Bins (*.PLB)
Adobe Premiere 6 Storyboards (*.PSQ)
Adobe Premiere Pro Projects (*.PRPROJ)
Adobe Sound Document (*.ASND)
Adobe Title Designer (*.PRTL;*.PTL)
Bitmap (*.BMP;*.DIB;*.RLE)
CMX3600 EDLs (*.EDL)
Cineon/DPX File (*.CIN;*.DPX)
CompuServe GIF (*.GIF)
DV Stream (*.DV)
FLV (*.FLV)
Finai Cut Pro XML (*.XML)
Icon file (*.ICO)
JPEG File (*.JFIF;*.JPE;*.JPEG;*.JPG)
MP3 Audio (*.MP3;*.MPA;*.MPE;*.MPEG;*.MPG)
MPEG Movie (*.264;*.3GP;*.3GPP;*.AAC;*.AC3;*.AVC;*.F4V;*.M1A;*.M1V;*.M2A;*.M2P;*.M2T;*.M2TS;*.M2V;*.M4A;*.M4V;*.MOD;*.MOV;*.MP2;*.MP4;*.MPA;*.MPE;*.MPEG;*.MPG;*.MP
Macintosh Audio AIFF (*.AIF;*.AIFF)
Macintosh PICT file (*.PCT;*.PICT)
P2 Movie (*.MXF)
PNG File (*.PNG)
Photoshop (*.PSD)
QuickTime Movie (*.3G2;*.3GP;*.DIF;*.DV;*.FLC;*.FLI;*.M15;*.M1A;*.M1S;*.M1V;*.M4A;*.M4V;*.M75;*.MOV;*.MP4;*.MPA;*.MPEG;*.MPG;*.MPG4;*.MPM;*.MPV;*.QT)
RED R3D Raw File (*.R3D)
Shockwave flash object (*.SWF)
TIFF image file (*.TIF;*.TIFF)
Truevision Targa File (*.ICB;*.TGA;*.VDA;*.VST)
Windows Media (*.ASF;*.ASX;*.WMA;*.WMV)
Windows WAVE audio file (*.BWF;*.WAV)
XDCAM-EX Movie (*.MP4)
XDCAM-HD 422 Movie (*.MXF)
XDCAM-HD Movie (*.MXF)

图 2-1　Premiere Pro CC 可以导入的文件格式

几种常用的视频文件、音频文件和图片文件，如图 2-2 所示。

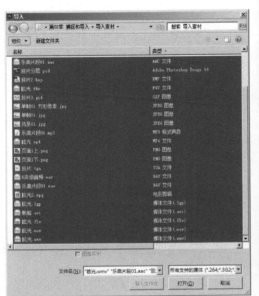
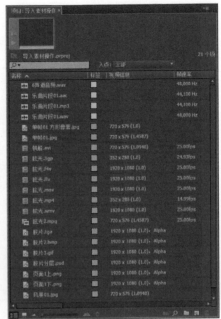

图 2-2　导入不同格式的文件

2.2　静态图像的时长预设

Premiere Pro 在导入静态的图像素材时，会有一个默认的时长，这个时长在首选项面板中可以进行预设。选择菜单命令"编辑"→"首选项"→"常规"，打开首选项面板，在"静止图像默认持续时间"后设置的帧数，即为静态图像的预设时长，例如，这里设为 100 帧，即 4 秒，如图 2-3 所示。

图 2-3　在首选项面板中设置静止图像默认持续时间

单击"确定"按钮后，再次导入静态的图像文件，其默认时长即为 4 秒，如图 2-4 所示。

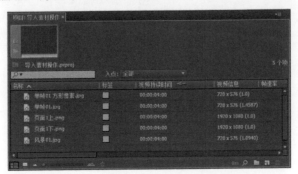

图 2-4　查看导入图像文件的默认时长

2.3 导入动态序列图像

多个连续的图像可以组成动态的视频效果。在 PAL 制式的视频中，每秒需要 25 帧图像。产生图像序列文件的原因有以下几种。

1. 逐格拍摄效果

逐格效果在影视广告、宣传片和纪录片中会经常看到。拍摄逐格效果就是以每 1 秒左右或更长的时间拍摄一幅画面，经过长间的拍摄，得到一组连续的动态画面效果，就像对正常拍摄的视频进行数倍快速播放一样。这种拍摄方式根据摄影器材的不同，存储的方式也不同，例如，保存到磁带中、保存为视频文件或者保存为序列图片文件。利用数码相机拍摄的逐格效果就是以一幅幅静止的图像组成的，如图 2-5 所示。

图 2-5　导入连续拍摄的图像序列

提　示

　按视频方式导入连续的图像序列，应勾选"图像序列"复选框，若不勾选，则按静止图像导入所选中的图片。

2. 渲染的动画文件

利用二维、三维动画软件，以及影视制作软件等输出的动画文件中，可以采用序列图片的方式来输出结果，其好处是对于一些长时间输出的文件，能最大限度地减少发生错误和中断时带来的损失。以视频文件的方式输出时，遇到错误通常需要完全重新输出一遍；而采用序列图像输出的方法，中断后可以接着已保存的序列文件序号继续输出文件，修改制作时也可以只重新输出修改部分的序列图像。使用序列图像输出的方式，还有利于多台设备联机共同输出结果。另外，使用序列图像输出方式，可以输出带有 Alpha 通道透明背景信息或其他通道信息的视频，如图 2-6 所示。

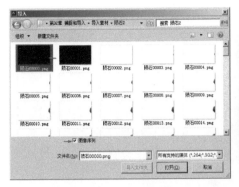

图 2-6　导入渲染生成的序列文件

2.4　导入分层图像

分层图像在合成制作中比较常用，在一个图像文件中可以包含很大的信息量，可以在设计好的多元素画面的基础上进一步制作动画效果。分层图像的导入操作有几种不同的选项，不同的设置会导致不同的导入结果。这里以常用的 PSD 分层文件来演示。

1. 合并全部图层

选中 PSD 文件导入到项目面板中，会弹出"导入分层文件"对话框，"导入为"选择"合并所有图层"，将合并全部图层为一个普通的图像文件，如图 2-7 所示。

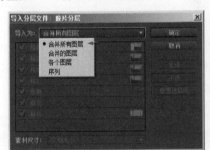

图 2-7　以合并全部图层方式导入分层图像

2. 合并选中图层

在"导入分层文件"对话框中，"导入为"选择"合并的图层"，可以挑选部分图层，合并为一个普通的图像文件导入，如图 2-8 所示。

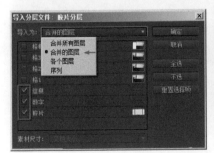

图 2-8　以合并选中图层方式导入分层图像

3．选择分离的图层并按文档尺寸导入

在"导入分层文件"对话框中，"导入为"选择"各个图层"，可以挑选部分图层，并将这些图层作为个体分离的图像。"素材尺寸"选择"文档大小"，这些分离的图层均统一为文档尺寸的大小，如图 2-9 所示。

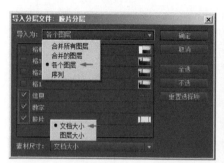
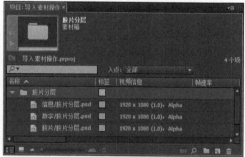

图 2-9　选择分离的图层并按文档尺寸导入分层图像

建立序列，将导入的图像放置到序列不同的轨道叠加显示时，原始的布局不变，如图 2-10 所示。

图 2-10　将各个分层在各个轨道中叠加显示时，布局不变

4．选择分离的图层并按各个图层实际尺寸导入

在"导入分层文件"对话框中，"导入为"选择"各个图层"，"素材尺寸"选择"图层大小"，这些分离的图层将按各自实际尺寸的大小导入。在导入后的项目面板中，可以看到分层图像可能具有不同的尺寸，如图 2-11 所示。

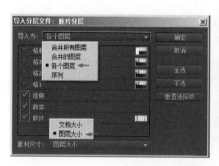

图 2-11　选择分离的图层并按实际尺寸导入

建立序列，将导入的图像放置到序列不同的轨道叠加显示时，原始的布局将发生改变，各幅图像均居中放置，如图 2-12 所示。

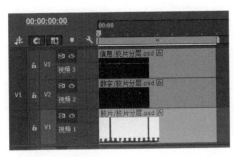

图 2-12 将各个分层在各个轨道中叠加显示时，布局发生改变

5. 按序列方式导入

在"导入分层文件"对话框中，"导入为"选择"序列"，可以挑选部分图层，并将这些图层作为个体分离的图像。同样，"素材尺寸"选择"文档大小"，这些分离的图层均统一为文档尺寸的大小；如果选择"图层大小"，这些分离的图层均为各自实际尺寸的大小。在大多数情况下，"导入为"选择"序列"，"素材尺寸"选择"文档大小"，是实用的选项方式，如图 2-13 所示。

图 2-13 按序列和文档大小方式导入分层

这种导入方式会在项目面板中自动建立一个序列，以轨道的形式显示原始图像文件中的状态，如图 2-14 所示。

图 2-14 查看所导入序列的时间轴和显示效果

2.5 导入其他 Premiere Pro CC 项目文件

Premiere Pro 可以在一个项目中导入另一个同类的项目文件，这对于参考其他项目、从其他项目中调用部分制作，或者合并项目文件有很大的帮助。在新项目中导入原来已存在的项目并进行修改制作时，不会影响原来的项目文件。导入项目文件的操作方法与导入分层文件相似，导入文件时，会弹出"导入项目"对话框，选择"导入整个项目"，将导入项目文件的全部内容，如图 2-15 所示。

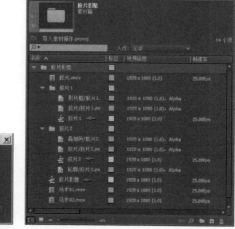

图 2-15 导入其他 Premiere Pro CC 项目文件的整个项目

在"导入项目"对话框中选择"导入所选序列"，将导入所选择的一个或多个序列及其相关的部分内容。例如，这里只选中其中一个序列，将仅导入所选序列及其相关的素材到项目面板中，如图 2-16 所示。

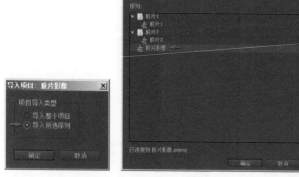

图 2-16 导入其他 Premiere Pro CC 项目文件中的所选序列

2.6 素材属性解释

1. 修改音频声道

在项目面板中的音频文件上右击，选择快捷菜单命令"修改"→"音频声道"，打开修改剪辑面板，显示修改音频部分的"音频声道"选项卡。例如，对导入的一个 5.1 声道的音频，可以在这里将其修改分离为 6 个单声道，如图 2-17 所示。

图 2-17 修改素材的音频属性

修改前、后在时间轴中轨道的变化，如图 2-18 所示。

图 2-18 修改前后的轨道变化

同样，也可以在"音频声道"选项卡中将单声道、立体声和 5.1 声道的音频相互转换成其中的一种，方便使用。

2. 图像素材像素比与通道的解释

在项目面板中选中某个图像素材，在其上右击，选择快捷菜单命令"修改"→"解释素材"，在打开的修改剪辑面板中显示图像的两项修改。一项为像素比的设置，当默认导入图像画面内容的宽度比例不正确时，可以选中"符合"项，并设置正确的像素比来校正图像的显示。例如，在项目面板中有一幅图像素材显示比例不正确，如图 2-19 所示。

图 2-19 素材的长宽比例不正确

在修改剪辑面板中，选中"符合"项，并设置为"D1/DV PAL 宽银幕 16:9（1.4587）"，这样图像得到正确的显示比例，如图 2-20 所示。

图 2-20　修改像素比以校正图像的长宽比例

对于图像还有一项 Alpha 通道的修改，包括"忽略 Alpha 通道"和"反转 Alpha 通道"，前者关闭 Alpha 通道的透明属性，将原来透明的部分以不透明的黑底色代替，后者则将透明与不透明的区域反转。

以上图像的两项修改也同样适用于视频文件。

3．视频素材帧速率与场序的解释

视频文件还有另外两项属性可以修改。

一项是视频素材的帧速率，即每秒使用多少张静帧画面。通常，PAL 制式的视频每秒25帧，NTSC 制式的视频每秒 30 帧，电影素材每秒 24 帧。网页或其他移动设备上播放的视频则使用多种灵活的帧速率，例如，早期网页上的动画以每秒 10 帧左右的速度来控制动画播放的连续性，过高的帧速率播放起来可能出现停顿的现象，现在网速较高则不存在这个问题，大多按标准的帧速率即可。过低帧速率的播放效果类似于早期的卡通动画片，动作有跳跃、不平滑、不流畅的感觉。

因为不同帧速率中每秒的单帧数量不同，所以在对于没有初始帧速率属性的序列图片来说，需要指定正确的帧速率，避免与实际想要的长度有所不同。例如，这里制作了一段 4 秒的动画输出为一个包含 100 张图像的序列文件，在导入时，可能会得到一个错误的时长，如图 2-21 所示。

图 2-21　导入图像序列时的帧速率和持续时间

在项目面板中右击素材，选择快捷菜单命令"修改"→"解释素材"，在打开的面板中设置"采用此帧速率"为 25 fps，在项目面板中素材的帧速率及长度得到修正，如图 2-22 所示。

图 2-22　设置素材的帧速率校正持续时间的长度

当在国内进行 PAL 制式为主的制作时，通常可以预先在 Premiere Pro CC 的首选项面板中进行预设的修改，减少错误的发生。选择菜单命令"编辑"→"首选项"→"媒体"，在打开的首选项面板中选择"媒体"类别，将"不确定的媒体时基"从 30fps 修改为 25fps，这样在以后导入图片序列时，将默认以 25fps 的帧速率来定义视频帧速率，如图 2-23 所示。

视频文件的另一个修改项为扫描帧的场顺序设置。在修改剪辑面板的"解释素材"选项卡中，"场序"默认为"使用文件中的场序"。通常，使用文件本身默认的设置能得到正确的场序，但在有些混合编辑或输出设置中，发生场序错误会使画面出现抖动的现象。为解决这个问题，选中"符合"，并在其下拉列表中选择另外的场序来进行校正，如图 2-24 所示。在当前的高清的制作中，大多使用"无场（逐行扫描）"方式，而早期 DV PAL 制式的标清视频多为"低场优先"方式。

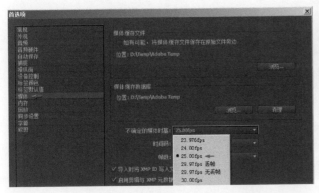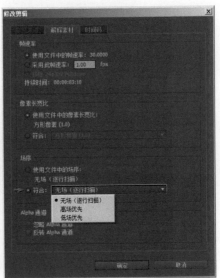

图 2-23　在首选项面板中对不确定的媒体时基进行预设　　　图 2-24　修改视频素材的场序

2.7　实例：导入素材制作胶片影像

准备制作中常用的三类文件：视频文件、音频文件和图像文件，将其导入到新建项目的项目面板中，并建立序列时间轴，然后利用这些素材制作胶片影像的放映效果。实例效果如图 2-25 所示。

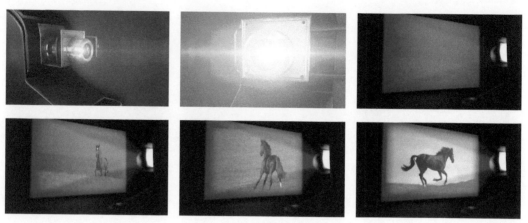

图 2-25　实例效果

1．在新建项目中导入素材

（1）启动 Premiere Pro CC 软件，新建项目文件。

（2）先将本例制作所需要的视频素材、音频素材和图像素材导入到项目面板中。对于序列图像，在"导入"对话框中勾选"图像序列"复选框。导入的素材如图 2-26 所示。

图 2-26　素材缩略图

2．新建序列并放置素材

（1）选择菜单命令"文件"→"新建"→"序列"（快捷键 Ctrl+N 组合键），打开"新建序列"对话框，在"序列预设"选项卡中展开"可用预设"下的 HDV，选择 HDV 720p25，在"序列名称"框中输入"效果影片"，单击"确定"按钮，建立一个序列。

（2）从项目面板中将序列图像素材"背景 000.jpg"拖至时间轴 V1 轨道开始处。

（3）将"放映机 .mov"拖至 V3 轨道开始处。

（4）将"黑马 01.mov"拖至 V2 轨道的第 15 秒位置，即放映机开始播放的时间位置。

（5）将"音乐 01.wav"和"音乐 02.wav"拖至时间轴 A1 轨道中，分别位于 0～15 秒和 15～30 秒处。

（6）将"光 .png"拖至 V3 轨道上方的空白处，将自动增加 V4 轨道用于放置素材，将其也放置在第 15 秒放映机开始播放的时间位置。

放置素材后如图 2-27 所示。

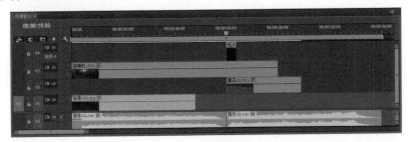

图 2-27　放置素材

3．补充背景画面

（1）这里背景为序列图像素材，其动作完成后将一直处于静止的画面状态，所以，可以将最后一个画面的素材作为静止的图像素材单独导入使用。双击项目面板空白处，弹出"导入"对话框，在"背景"文件夹中选中最后一个图像文件，取消选中"图像序列"复选框，单击"打开"按钮，将单个图像素材导入到项目面板中，如图 2-28 所示。

图 2-28　导入单个图像素材

（2）再将这个图像素材拖至 V1 轨道中，连接在原来的素材之后，用鼠标拖动出点向右延长至第 30 秒处，如图 2-29 所示。

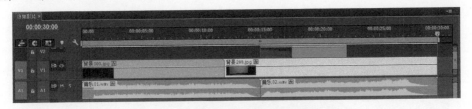

图 2-29　放置单个图像素材并调整长度

4．调整放映的画面

（1）先设置放映的"黑马 01.mov"画面，将其调整到背景中银幕的位置和大小。在项目面板中可以看到"黑马 01.mov"视频素材的大小为高清尺寸，比当前序列的大小大一些。在时间轴中的"黑马 01.mov"素材上右击，选择快捷菜单"缩放为帧大小"，将其缩小为当前序列的大小，如图 2-30 所示。

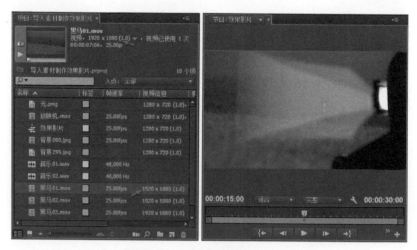

图 2-30 调整素材画面的大小

（2）在效果面板中展开"视频效果"，在"扭曲"下将"边角定位"拖至时间轴中的"黑马 01.mov"上，如图 2-31 所示。

图 2-31 添加效果

（3）在效果控件面板中单击"边角定位"效果名称，这样在节目预览面板中素材画面的 4 个角上会显示出控制点，将控制点向画面中部拖动，以显示出背景画面。参照背景画面中银幕的大小和位置，分别调整"黑马 01.mov"画面的 4 个控制点，将其调整到银幕上，如图 2-32 所示。

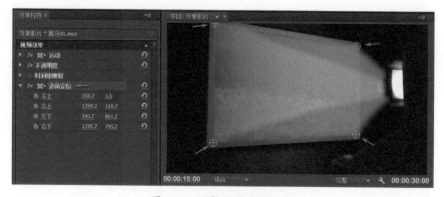

图 2-32 调整效果的定位点

（4）在效果面板中"视频效果"下，展开"扭曲"→"变换"，将"裁剪"拖至时间轴中的"黑马 01.mov"上,然后在效果控件面板中将"裁剪"拖至"边角定位"效果的上方,将"羽化边缘"设为 −100,如图 2-33 所示。

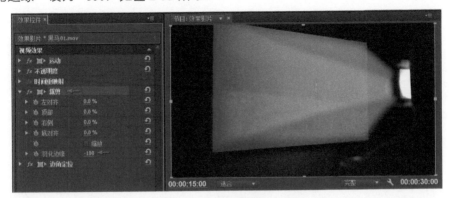

图 2-33　添加效果并设置

(5) 在时间轴中选中 V4 轨道中的"光 .png"素材,在效果控件面板中将"不透明度"下的"混合模式"设置为"线性光",改善光的叠加效果,如图 2-34 所示。

图 2-34　设置混合模式

(6) 从项目面板中将"黑马 02.mov"和"黑马 03.mov"分别拖至 V2 轨道中,放置在"黑马 01.mov"之后,将这三段素材适当剪短,第三段出点为第 30 秒,如图 2-35 所示。

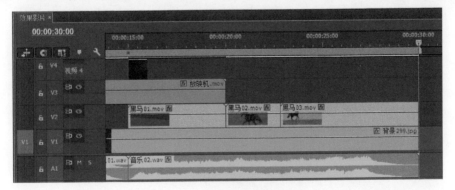

图 2-35　放置放映画面的素材

(7) 选中第一段设置好效果的"黑马 01.mov",按 Ctrl+C 组合键复制,再选中"黑马 02.mov"和"黑马 03.mov",按 Ctrl+Alt+V 组合键粘贴属性,此时会弹出相应的提示对话框,单击"确定"按钮，将设置好的效果应用到后两段素材上。由于后两段素材也是高清尺寸的，应设置"缩放为帧大小"，校正画面尺寸，如图 2-36 所示。

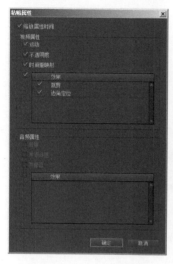

图 2-36 复制和粘贴属性并校正画面尺寸

5. 补充放映机和光的长度

（1）将时间定位至第 15 秒处，选中 V3 轨道中的"放映机 .mov"，按 Ctrl+K 组合键分割素材，为接下来重复使用后一部分放映状态的素材做准备，如图 2-37 所示。

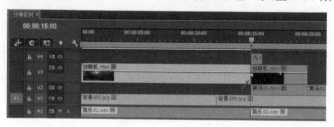

图 2-37 分割素材

（2）在默认状态时 V1 轨道处于高亮的激活状态，其他轨道处于非激活状态。在 V1 轨道的名称处单击使其切换至非激活状态，在 V3 轨道的名称处单击使其高亮显示，切换为激活状态。选中后一部分的"放映机 .mov"，按 Ctrl+C 组合键复制，然后按键盘向下方向键，将时间定位到 V3 轨道素材的尾部，按 Ctrl+V 组合键粘贴，补充放置这段素材画面。同样，再按一次 Ctrl+V 组合键重复粘贴放置素材至第 30 秒处。

（3）将 V4 轨道中的"光 .png"素材的出点向右也拖动至第 30 秒处，这样素材的长度补充完毕，如图 2-38 所示。

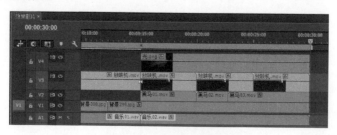

图 2-38 粘贴补充素材

6. 设置模糊和逐渐显示出来的效果

（1）在效果面板中展开"视频效果"，在"模糊与锐化"下将"相机模糊"拖至 V1 轨道中的两段背景素材上，如图 2-39 所示。

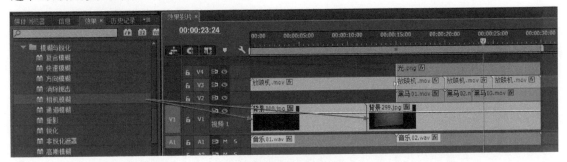

图 2-39　添加模糊效果

（2）在效果控件面板中分别设置"相机模糊"下的"百分比模糊"为 5，增加一些模糊效果，改善画面效果。如图 2-40 所示。

图 2-40　设置模糊效果

（3）在轨道名称位置单击，将 V2 和 V4 轨道分别切换为激活的选中状态，其他轨道为非选中状态。将时间定位至第 15 秒，即"黑马 01.mov"和"光 .png"的入点位置，按Ctrl+D 组合键添加默认的"交叉溶解"过渡效果，并分别选中轨道中的过渡，在效果控件面板中将"持续时间"设为 2 秒的长度，这样完成导入素材的效果制作。如图 2-41 所示。

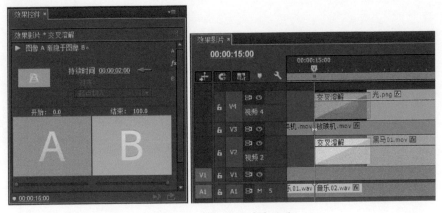

图 2-41　添加默认过渡效果

思考与练习

一、思考题

1．在进行国内的电视节目制作时，导入 30 个图像文件的动态序列，时长应该为多少？是否会出现不同的时长？怎样解决？

2．导入的素材画面变窄，在屏幕中两边显示有黑边，是什么原因？如何解决？

3．图像文件在 Photoshop 中打开是分层的，而导入到 Premiere Pro CC 中只有一层，是什么原因？如何解决？

二、练习题

1．将几个图像文件导入到 Premiere Pro 中，保持图像默认长度为 3 秒。

2．在配书光盘所提供的素材文件中找出序列图像素材，先导入动态序列，再导入最后一张静止图像。

3．在配书光盘所提供的素材文件中找出分层图像文件，分别按序列方式和文档大小方式导入到 Premiere Pro CC 中。

4．在配书光盘所提供的素材文件中找出几个非方形像素的素材文件，导入并修改像素比，查看对比效果，并设置一个正确的像素长宽比。

第 3 章

剪辑工具

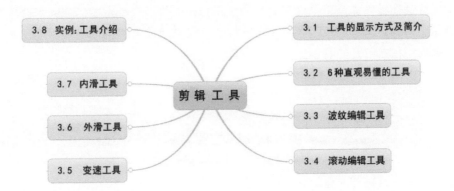

3.8 实例: 工具介绍

3.7 内滑工具

3.6 外滑工具

3.5 变速工具

剪 辑 工 具

3.1 工具的显示方式及简介

3.2 6种直观易懂的工具

3.3 波纹编辑工具

3.4 滚动编辑工具

　　Premiere Pro 的工具有 11 种，位于一个单独的面板中，也可以将其浮动在界面中，或者放置在顶部以工具栏的形式显示。根据个人的操作习惯，可以将其放置在界面中不同的位置。11 种工具用来进行不同功能的剪辑操作，熟练掌握这些工具的功能和操作方法，对准确、快速地剪辑有很大帮助。本章介绍每种工具的功能和操作方法，最后用这些工具制作一个效果实例。

3.1　工具的显示方式及简介

　　在 Premiere Pro CC 中，剪辑工具默认以面板的形式放置在时间轴左侧，在工具面板顶部右击，选择快捷菜单"浮动面板"，可以将其转换为浮动的面板，或者称为工具箱。可以拖动面板的一角改变其显示形状，如图 3-1 所示。

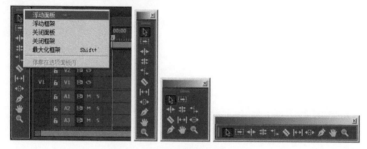

图 3-1　工具的各种显示形状

　　选择菜单命令"窗口"→"选项"，显示选项浮动面板。单击"选项"面板标签名称，按住左键将其拖至界面中菜单栏下方，如图 3-2 所示。

图 3-2　将选项面板放置到菜单栏下方

　　注意拖动面板停靠至菜单栏下方时的显示提示，释放鼠标左键后变为"选项"栏。此时在工具面板顶部或左侧点纹区中右击，选择快捷菜单"停靠在选项面板内"，可以将工具停靠在"选项"栏左侧，如图 3-3 所示。

图 3-3　将工具停靠到选项栏

　　单击任何工具或按快捷键激活该工具，然后即可在时间轴面板中使用。将鼠标指针置于某工具上即可查看其名称和快捷键。

　　这 11 种工具分别如下：

　　选择工具：快捷键 V，选择用户界面中的素材、菜单项和其他对象的标准工具。

　　轨道选择工具：快捷键 A，选择时间轴中位于光标右侧的所有素材。按 Shift 键切换为多轨道选择工具。

波纹编辑工具：快捷键 B，修剪素材并按修剪量来移动轨道中的后续素材。

滚动编辑工具：快捷键 N，同时对相邻出点和入点修剪相同数量的帧。

变速工具：快捷键 R，改变素材的速度比率。

剃刀工具：快捷键 C，在单击位置分割素材，按住 Shift 键分割多轨素材。

外滑工具：快捷键 Y，通过一次操作将素材的入点和出点前移或后移相同的帧数，保留入点和出点之间的时间间隔不变。

内滑工具：快捷键 U，将时间轴中某个素材向左或向右移动，同时修剪其周围的两个素材，保持三个素材总持续时间不变。

钢笔工具：快捷键 P，设置或调整关键帧、路径、曲线，可配合 Ctrl 键、Shift 键或框选操作。

手形工具：快捷键 H，向左或向右移动时间轴的查看区域，在放大的监视器面板中拖动以查看局部。

缩放工具：快捷键 Z，以 1 倍为增量放大或缩小时间轴的查看区域，单击为放大，按住 Alt 键切换为缩小。

3.2 6 种直观易懂的工具

在这 11 种工具中以下 6 种工具相对比较直观，功能的介绍比较易懂，操作也简单，这里先进行集中讲解。

1. 选择工具

选择工具，是用于选择用户界面中的素材、菜单项和其他对象的标准工具。通常，在任何其他工具使用完毕之后，最好切换为选择工具，即按一下 V 键还原为选择工具状态下。选中的轨道或素材将以高亮的状态显示，如图 3-4 所示。

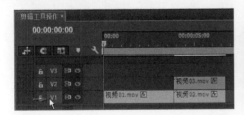

图 3-4 使用选择工具选中轨道和素材

另外，将选择工具移至素材的开始或结束处时，注意鼠标指针形状的改变，可以直接调整素材的入点或出点。例如，使用选择工具，将鼠标指针移至一段素材的开始处，鼠标指针形状发生变化，按下左键向右拖动，可对入点部分进行剪切，如图 3-5 所示。

图 3-5 拖动素材的一端进行剪切

2．轨道选择工具

轨道选择工具，选择时间轴中位于光标右侧的所有素材。使用轨道选择工具，若要选择某个素材及其所在轨道中右侧所有的素材，则单击该素材。使用轨道选择工具，若要选择某个素材以及所有轨道中位于其右侧的全部素材，则按住 Shift 键并单击该素材。按 Shift 键可将轨道选择工具切换为多轨道选择工具，如图 3-6 所示。

图 3-6　使用轨道选择工具和切换为多轨道选择工具

轨道选择工具在按住鼠标左键不放进行拖动操作时，可以移动选中的素材，如图 3-7 所示。

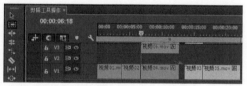

图 3-7　使用轨道选择工具选中和移动素材

3．剃刀工具

剃刀工具，可对时间轴中的素材进行一次或多次分割操作。使用剃刀工具，单击素材内的某一点后，该素材就会在此位置分割，如图 3-8 所示。

图 3-8　使用剃刀工具分割素材

使用剃刀工具，若要在某个时间位置分割所有轨道中的素材，则按住 Shift 键并在此时间位置单击，如图 3-9 所示。

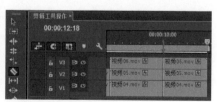

图 3-9　分割所有轨道中的素材

除了使用剃刀工具进行分割外，在时间指示器位置，按 Ctrl+K 键也可以对选中轨道中的素材进行分割，或者按 Ctrl+Shift+K 组合键对全部轨道中的素材进行分割。

4．钢笔工具

钢笔工具，可设置或选择关键帧，或调整时间轴中的水平线。使用钢笔工具，单击水平线可添加关键帧，如图 3-10 所示。

图 3-10　使用钢笔工具添加关键帧

调整关键帧时，按住 Ctrl 键，可以改变钢笔工具显示的形状，然后对关键帧进行调整，如图 3-11 所示。

图 3-11　使用钢笔工具调整关键帧曲线

使用钢笔工具也可以整体调整水平线的高低，按住 Ctrl 键改变钢笔工具形状后，垂直拖动水平线以调整不透明度，如图 3-12 所示。

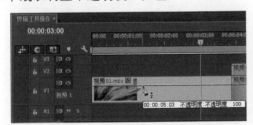

图 3-12　使用钢笔工具整体调整不透明度的水平线

使用钢笔工具，要选择非连续的关键帧，可以按住 Shift 键并单击相应关键帧。要选择某一区域的关键帧，可以用框选的方法选中这些关键帧，如图 3-13 所示。

图 3-13　配合 Shift 键或使用框选方法选中多个关键帧

5．手形工具

手形工具，用于向左或向右移动时间轴的查看区域。使用手形工具，在查看区域内的任意位置按住鼠标左键向左或向右拖动，以查看不同部分内容，如图 3-14 所示。

也可以在监视器面板放大的画面上使用手形工具，按住并拖动查看局部，如图 3-15 所示。

图 3-14　使用手形工具在时间轴中拖动查看

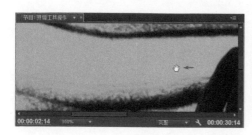

图 3-15　使用手形工具在监视器面板中拖动查看

6．缩放工具

缩放工具![icon]，用于放大或缩小时间轴的查看区域。使用缩放工具，在查看区域中单击将以 1 倍为增量进行放大；按住 Alt 键并单击，将以 1/2 为变量进行缩小，如图 3-16 所示。

图 3-16　使用缩放工具缩放时间标尺

3.3　波纹编辑工具

波纹编辑工具可修剪素材并按修剪量来移动轨道中的后续素材。通过波纹编辑工具缩短某个素材的时间会使剪切点后面所有素材的时间后移；反之，延长某个素材的时间会使剪切点后面素材的时间前移。当进行波纹编辑时，剪切点一侧的空白空间将被视为一个素材处理，并按照素材的偏移方式发生偏移。

例如，素材前后相邻时，剪掉第一个素材的后半部分，通常最原始的剪辑方法是，将第一个素材分割开，并删除右侧一部分，然后将第二个素材连接到第一个素材新的出点位置。这时候就可以使用波纹编辑工具来快速操作代替原始的剪辑方法。将时间移至第一个素材要剪辑的位置，使用波纹工具将第一个素材的出点拖至时间指示器位置，剪掉第一个素材的后半部分，第二个素材及右侧其他素材也一同向左侧移动，如图 3-17 所示。

将开始位置的第一个素材前半部分剪去，同时将右侧的素材向左移至开始位置，也可以使用波纹编辑工具来操作。将时间移至要剪辑位置，使用波纹编辑工具将第一个素材入点向右拖至时间指示器位置，这样右侧的素材自动一同向左移至开始位置，如图 3-18 所示。

图 3-17 使用波纹编辑工具剪辑素材后半部分

图 3-18 使用波纹编辑工具剪辑素材前半部分

可以使用快捷键 E 来代替拖动操作，将时间指示器移至第二个素材中部，使用波纹编辑工具在第二个素材右侧的出点处单击，将显示黄色的出点编辑光标，按 E 键，可以将出点波纹剪切至时间指示器位置，右侧的其他素材一同向左移动，如图 3-19 所示。

图 3-19 使用波纹编辑工具的快捷键操作剪短素材

同样，在向右扩展素材的长度时，右侧其他素材也一同向右侧移动。这里接着将时间指示器移至第一个素材右侧之外的某处，使用波纹编辑工具在第一个素材右侧的出点处单击，显示黄色的出点编辑光标，按 E 键，将出点波纹移至时间指示器处，原来右侧的其他素材一同向右整体移动，如图 3-20 所示。

图 3-20 使用波纹编辑工具的快捷键操作加长素材

3.4 滚动编辑工具

滚动工具，可在时间轴内的两个素材之间滚动编辑点。滚动编辑工具可修剪一个素材的入点和另一个素材的出点，同时保留两个素材的组合持续时间不变。

例如，将第二个素材的前一部分剪切掉，连接到第一个素材之后，如图 3-21 所示。

选择滚动编辑工具，在第一个素材与第二个素材的连接处单击，两个素材连接处显示红色的滚动编辑光标，如图 3-22 所示。

图 3-21　放置素材

图 3-22　滚动编辑工具操作时的光标提示

按住左键向左侧拖动滚动编辑工具，此时第一个素材的出点与第二个素材的入点同步发生改变，两个素材整体长度和位置在时间轴中不变，如图 3-23 所示。

图 3-23　使用滚动编辑工具拖动剪辑点

同波纹编辑工具一样，可以使用快捷键 E 来实现拖动操作。将时间指示器移至第二个素材中部，使用波纹编辑工具在第一个和第二个素材之间的连接处单击，显示红色的滚动编辑光标，按 E 键，将剪辑点移至时间指示器处，如图 3-24 所示。

图 3-24　使用快捷键配合滚动编辑工具操作

3.5　变速工具

变速工具，可通过加速时间轴中素材的回放速度缩短该素材，或通过减慢回放速度延长该素材。变速工具会改变素材播放的速度和持续时间，但不会改变素材原来入点和出点的画面内容。

选择变速工具，在素材的一端按住左键向外拖动，可以将素材拉长，同时在素材上将显示出速度变化的百分比。拉长变为慢放，压短则变为快放，如图 3-25 所示。

图 3-25 使用变速工具进行慢放和快放

对经过剪切的素材使用变速工具时，将只对当前素材入点和出点之间的内容进行变速，如图 3-26 所示。

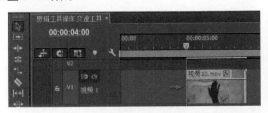

图 3-26 使用变速工具对素材入点和出点之间的内容进行变速

在对素材片段进行精确的变速剪辑时，手动拖动操作难以精确设置数值，这时可以在素材上右击选择快捷菜单命令"速度 / 持续时间"，或按快捷键 Ctrl+R 组合键，打开"剪辑速度 / 持续时间"对话框，在其中设置"速度"的百分比，或者设置"持续时间"，直接指定一个长度，如图 3-27 所示。

图 3-27 使用快捷菜单命令"速度 / 持续时间"设置变速

3.6 外滑工具

外滑工具，可同时更改时间轴中素材的入点和出点，并保留入点和出点之间的时间间隔不变。

例如，在时间轴中放置几段前后连接的素材，其中第二个素材需要剪切后一部分，放置在第 4 秒至第 6 秒之间。选择外滑工具在第二个素材上单击，此时会在节目监视器面板中显示 4 个小画面，A 为第一个素材的出点画面，B 为第二个素材的入点画面，C 为第二个素材的出点画面，D 为第三个素材的入点画面，如图 3-28 所示。

选择外滑工具，在时间轴的第二个素材上将按住左键向左拖动，在节目监视器面板中查看对应的显示结果，可以根据入点画面、出点画面和显示的偏移帧数查看操作的偏移情况。可以看到，节目监视器面板上面的两个小画面不变，即第一个素材的出点和第三个素材的入点不改变；下面的两个大画面发生变化，第二个素材的入点和出点发生偏移，偏移量为所显示的时码，如图 3-29 所示。

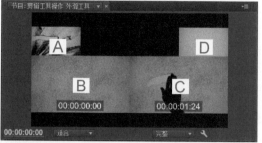

图 3-28 使用外滑工具时节目监视器的画面显示

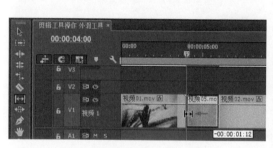

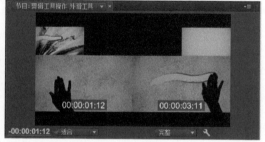

图 3-29 使用外滑工具拖动剪辑

外滑编辑即相当于在两个素材之间滑动目标素材，如图 3-30 所示。

图 3-30 素材在下面轨道等同于外滑编辑操作的示意

外滑工具通常用于三个相邻素材的中间素材，在不影响前后素材的情况下，在素材本身中重新选择更合适的某个区域。外滑工具也可以应用在修剪过的一段素材上，如图 3-31 所示。

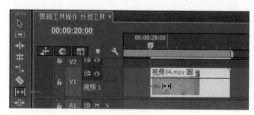

图 3-31 外滑工具也可以应用在一段修剪过的素材上

除了使用外滑工具进行滑动编辑外，还可以使用键盘对素材片段进行精确的滑动编辑。选中时间轴中一段剪切掉后一部分的素材，在信息面板中查看相关信息。此时，时间指示器停留在目标素材片段的开始处，即目标源素材的第 0 帧处，如图 3-32 所示。

图 3-32 查看信息面板

确认选中目标素材片段，按 Ctrl+Alt+"←"组合键，可以在信息面板中看到相应的时码变化，即目标素材向左滑动，与使用外滑工具向左拖动的结果相同。按住 Ctrl+Alt+"←"组合键不放，时码将连续变化，变化至 1 秒时释放组合键停止，即向左外滑 1 秒，如图 3-33 所示。

图 3-33 使用快捷键进行外滑编辑

在滑动过程中，双击素材打开源监视器面板，可以查看素材的入点和出点发生相应变化，即目标素材向左滑动，入点和出点范围区域向右侧偏移，如图 3-34 所示。

图 3-34 在源监视器面板中查看入点和出点的偏移

提 示

确认源监视器面板处于激活状态时，按"–"键可以将素材的原始长度范围全部显示出来，按"+"键则放大显示局部。

外滑剪辑快捷键如下：
将素材选择项向左外滑 1 帧：按 Alt+Shift+"←"组合键
将素材选择项向右外滑 1 帧：按 Alt+Shift+"→"组合键
将素材选择项向左外滑 5 帧：按 Ctrl+Alt+Shift+"←"组合键
将素材选择项向右外滑 5 帧：按 Ctrl+Alt+Shift+"→"组合键

3.7 内滑工具

内滑工具，可将时间轴中的某个素材向左或向右移动，同时修剪其相邻的两个素材，三个素材的组合持续时间以及该组在时间轴中的位置将保持不变。

例如，将以下三段视频在第 3 秒和第 6 秒处按 Ctrl+Shift+K 组合键进行分割，并删除分割开的前、后部分，保留中间部分的素材，如图 3-35 所示。

图 3-35 剪辑素材

将这三段素材以及其他素材在 V1 轨道中前后连接，选择内滑工具，在第三个素材上按住左键拖动，此时会在节目监视器面板中显示 4 个画面，A 为第一个素材的出点画面，B 为第二个素材的入点画面，C 为第二个素材的出点画面，D 为第三个素材的入点画面，如图 3-36 所示。

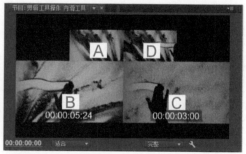

图 3-36 使用内滑工具时节目监视器面板中的显示

选择内滑工具在时间轴的第二个素材上按住左键向左拖动，在节目监视器中查看对应的显示，可以通过入点画面、出点画面和显示的偏移帧数查看操作的偏移情况，上面的两个小画面不变，即第二个素材的入点和出点不改变，下面的两个大画面发生变化，即第一个素材的出点和第三个素材的入点发生偏移，偏移量为所显示的时码，如图 3-37 所示。

图 3-37 使用内滑工具拖动剪辑点

在时间轴中查看结果，第二个素材整体向左移动 1 秒，相应地，第一个素材相邻的出点被剪切掉 1 秒长度，而第三个素材相邻的入点则伸展补充 1 秒长度。第二个素材内容不变，三个素材整体所在时间轴中的位置和长度也不改变，如图 3-38 所示。

图 3-38 使用同滑工具操作后三个素材的变化

内滑工具通常用于三个相邻素材的中间素材，不影响这三个素材之外的其他素材。内滑工具可以应用于修剪过的两个相邻素材，将另一侧视为空白区域，如图 3-39 所示。

除了使用内滑工具对素材进行拖动编辑外，还可以使用键盘快捷键对素材片段进行精确的内滑编辑。选中时间轴中放置三个相邻的经过剪切的素材，选中第二个素材，在信息面板中查看开始和结束的时码，如图 3-40 所示。

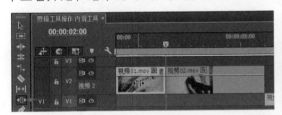

图 3-39 内滑工具也可以应用于两个相邻的素材

图 3-40 查看信息面板

确认选中目标素材，按 Alt + "." 组合键，可以在信息面板中查看到相应的时码变化，即目标素材向右进行内滑偏移。按住 Alt + "." 组合键不放，时码将连续变化，偏移 1 秒时释放组合键停止，即向右内滑 1 秒，如图 3-41 所示。

图 3-41 使用快捷键进行内滑操作

内滑剪辑快捷键如下：

将素材选择项向左内滑 1 帧：按 Alt + "," 组合键

将素材选择项向右内滑 1 帧：按 Alt + "." 组合键

将素材选择项向左内滑 5 帧：按 Alt + Shift + "," 组合键

将素材选择项向右内滑 5 帧：按 Alt + Shift + "." 组合键

3.8 实例：工具介绍

这里在新项目中导入准备好的视频文件、音频文件和字幕文件，放置到序列时间轴中，进行剪切和摆放，将 Premiere Pro CC 中各种工具介绍的字幕编辑到视频画面中，实例效果如图 3-42 所示。

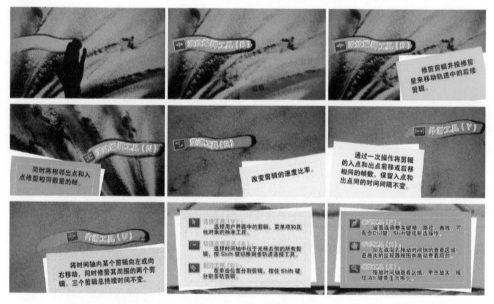

图 3-42　实例效果

1．新建项目和导入素材

（1）新建项目文件。

（2）将准备好的视频文件、字幕文件和音频文件导入到项目面板中，其中视频文件 7 个，为 "视频 01.mov" 至 "视频 07.mov"；字幕文件 14 个，为 "字幕 01" 至 "字幕 14"。另有图片文件 11 个，按各工具名称命名，不用导入到项目面板中，而在制作字幕时从字幕中导入。

2．新建序列和编辑第一组画面

（1）在项目面板选中 "视频 01.mov"，将其拖至项目面板下部的新建按钮上，这样将按视频素材的属性建立序列，重新命名为 "工具介绍"。

（2）在时间轴的 V1 轨道中查看 "视频 01.mov" 的画面内容，将时间指示器停留在第 6 秒 20 帧处，即画面中手画沙完成的时间位置，按 C 键选择剃刀工具，在时间指示器处单击以分割素材，然后按 V 键切换回选择工具，如图 3-43 所示。

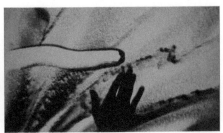

图 3-43　分割素材

（3）从项目面板中将"字幕 01"拖至时间轴的 V2 轨道中，将"字幕 02"拖至时间轴的 V3 轨道中，入点与 V1 轨道中的分割点一致，如图 3-44 所示。

（4）在 V1 轨道的名称处单击，取消其原来高亮的选中状态，然后单击 V2 和 V3 轨道，切换为选中状态，按 Ctrl+D 组合键为时间指示器所在的 V2 和 V3 轨道中的素材添加默认的交叉溶解过渡效果，如图 3-45 所示。

图 3-44　放置字幕

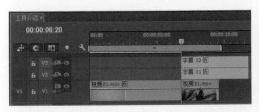

图 3-45　添加默认过渡

（5）通过播放查看字幕的效果，确定一个合适的长度和出现次序。这里将时间指示器停留到第 14 秒处，使用选择工具向右拖动"字幕 01"的出点至第 14 秒处；再用选择工具在"字幕 02"的中部向右移动，将其调整为入点与"字幕 01"的过渡结束点相同，拖动出点与"字幕 01"的出点相同。

（6）再选择变速工具，将 V1 轨道中分割开的右侧素材出点，向右拖动至第 14 秒处，以更改速率的方法延长视频画面，如图 3-46 所示。

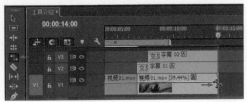

图 3-46　调整字幕、慢放和延长视频

（7）播放查看剪辑的效果，如图 3-47 所示。

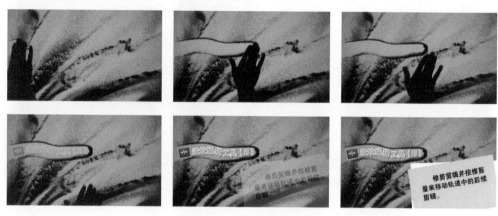

图 3-47　查看剪辑的效果

3.编辑第二组至第七组画面

（1）从项目面板中将"视频 02.mov"拖至时间轴中，连接在 V1 轨道中现有的视频之后，查看画面内容，在时间轴中第 21 秒处，即手的动作结束的位置，用剃刀工具分割素材。

（2）从项目面板中将"字幕 03"拖至时间轴的 V2 轨道中，将"字幕 04"拖至时间轴的 V3 轨道中，入点与 V1 轨道中的"视频 02.mov"分割点一致。

（3）为"字幕 03"和"字幕 04"在入点添加默认的交叉溶解过渡效果，设置"字幕 03"的入点为 21 秒，"字幕 04"的入点为 23 秒，出点均为 28 秒。

（4）使用变速工具，将 V1 轨道中的"视频 02.mov"分割开的右侧素材出点拖动至第 28 秒处，如图 3-48 所示。

图 3-48　剪辑第二组画面

（5）使用同样的方法，剪辑第三组画面，在时间轴中的位置为第 28 秒至第 39 秒，分割点为 33 秒 12 帧，如图 3-49 所示。

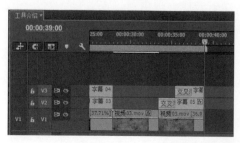

图 3-49　剪辑第三组画面

（6）使用同样的方法，剪辑第四组画面，在时间轴中的位置为第 39 秒至第 52 秒，分割点为 43 秒 12 帧，如图 3-50 所示。

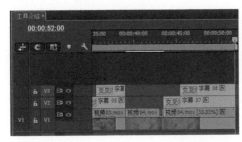

图 3-50　剪辑第四组画面

（7）使用同样的方法，剪辑第五组画面，在时间轴中的位置为第 52 秒至第 1 分 05 秒，分割点为 56 秒 12 帧，如图 3-51 所示。

图 3-51　剪辑第五组画面

（8）使用同样的方法，剪辑第六组画面，在时间轴中的位置为第 1 分 05 秒至第 1 分 22 秒 12 帧，分割点为 1 分 10 秒，如图 3-52 所示。

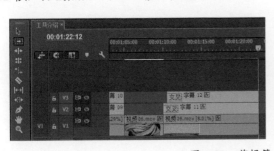
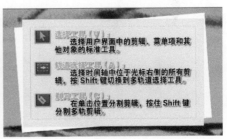

图 3-52　剪辑第六组画面

（9）使用同样的方法，剪辑第七组画面，在时间轴中的位置为第 1 分 22 秒 12 帧至第 1 分 40 秒，分割点为 1 分 27 秒 12 帧，如图 3-53 所示。

图 3-53　剪辑第七组画面

（10）最后为剪辑的画面配乐，播放查看结果，完成制作。

思考与练习

一、思考题

1．如果只用两个剪辑工具来进行制作，你会选哪两个？

2．怎样同时分割多个轨道？

3．怎样不通过鼠标的拖动，直接将剪辑出点或入点改变到时间指示器处？

4．外滑工具与内滑工具的区别？

二、练习题

1．使用快捷键快速选择各剪辑工具。

2．在时间轴轨道中放置多段素材，练习每种工具的使用。

第4章

三点、四点编辑和多机位编辑

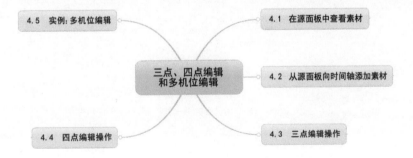

4.5 实例: 多机位编辑

4.1 在源面板中查看素材

三点、四点编辑
和多机位编辑

4.2 从源面板向时间轴添加素材

4.4 四点编辑操作

4.3 三点编辑操作

对素材的剪辑操作，除了将素材放置到时间轴轨道中，使用剪辑工具来进行剪辑之外，还有一种操作方式是，先将素材在源面板中打开，先在源面板中设置入点和出点，剪辑出需要的片段，再添加到时间轴中。后一种操作方式更适合从较长的素材片段中挑选需要的片段来使用。另外，对于多台摄像机同时拍摄的多机位视频素材，在剪辑中需要使用多机位编辑的方法。本章对三点、四点编辑和多机位编辑的操作方法进行讲解。

4.1 在源面板中查看素材

在项目面板中双击导入的素材，或者将素材拖至源面板中，会将其内容在源面板中显示出来，可以单独对其进行播放查看。对于多个在源面板中打开的素材，可以在源面板左上角的素材名称下拉列表中切换显示，如图 4-1 所示。

图 4-1　在源面板中查看素材

源面板下部的按钮用于实现播放、设置入/出点、逐帧移动、跳转到入/出点、插入、覆盖及导出帧操作。有时由于其他面板挤占空间，源面板下部仅显示中间的部分按钮，此时可以拉宽源面板来显示其他按钮，如图 4-2 所示。

图 4-2　源面板的按钮

单击源面板右下角的"按钮编辑器"，可以显示出源面板的按钮编辑器，在其中选择要显示的按钮或重置布局。另外，在源面板中单击"设置"按钮，可以弹出源面板的设置菜单，如图 4-3 所示。

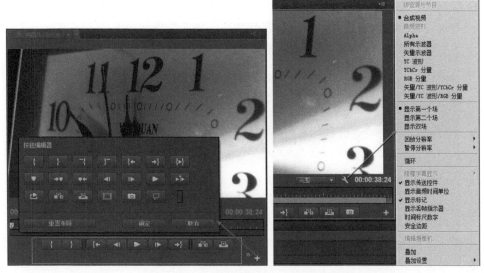

图 4-3   使用按钮编辑器和设置菜单

4.2 从源面板向时间轴添加素材

先在项目面板中将视频素材拖至面板下部的"新建"按钮上,将按素材的帧大小和帧速度属性建立一个序列,同时打开序列的时间轴。在时间轴中确定下一步要添加素材的入点位置,以及处于选中状态的目标轨道,如图 4-4 所示。

图 4-4   拖至"新建"按钮新建序列

在项目面板中双击另一个素材文件,打开其源面板,单击源面板下部的"覆盖"按钮(快捷键为"."键),将素材添加到时间轴中,从时间指示器位置覆盖目标轨道中的视频,这样就完成了通过源面板向时间轴添加素材的操作,如图 4-5 所示。

图 4-5   从源面板向序列时间轴添加素材

如果使用"插入"按钮（快捷键为","键），将会在时间指示器位置分割开目标轨道中的素材，并插入新视频素材，被分割开的素材相应后移，如图 4-6 所示。

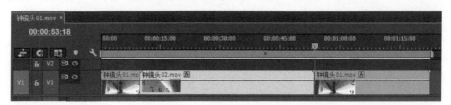

图 4-6　从源面板向序列时间轴插入素材

4.3　三点编辑操作

在前面从源面板向时间轴添加素材的简单操作中可以看出，需要在时间轴中先选择一个时间位置，用来确定新添加素材的放置位置，这个时间点就是三点编辑中的一点。

相应地，在源面板中对源素材设置入点和出点，剪辑出需要的部分，这个入点和出点就是三点编辑中的另外两点。

1．在源面板中设置入点和出点，在时间轴中设置入点

这里有两个素材，为同一个时刻在不同机位同时拍摄所得，找出两段时钟视频的秒针动作，在秒针指向 1 点的位置进行衔接的剪辑操作，即在前一画面中秒针走到 1 点位置时，切换为后一个画面，在后一个画面中秒针继续从 1 点的位置向下走动，并在 5 秒之后再切换回原来的画面。

先新建一个序列，放置第一个素材，并在素材中确定时间位置，例如，8 秒 20 帧，在节目监视面板中单击"入点"按钮或者按 I 键设置一个入点，以确定时间轴中的入点，如图 4-7 所示。

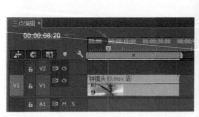

图 4-7　在时间轴中设置入点

在项目面板中双击第二个素材将其在源面板中打开，并在第 2 秒 19 帧处，单击"入点"按钮或者按 I 键设置一个入点，然后在第 7 秒 18 帧处，单击"出点"按钮或者按 O 键设置一个出点，剪辑出将要添加到时间轴中的 5 秒长的片段，如图 4-8 所示。

说　明

此处精确剪辑 5 秒的长度，当入点为 2 秒 19 帧时，出点应为 7 秒 18 帧，而不是 7 秒 20 帧，即相当于 1 秒时长的范围为 0 至 24 帧，而不是 0 至 1 秒 00 帧。

图 4-8 在源面板中设置入点和出点

单击源面板中的"覆盖"按钮,将源面板中的 5 秒片段添加到时间轴的目标轨道中,在时间轴入点位覆盖掉 5 秒长度的目标视频画面,如图 4-9 所示。

图 4-9 从源面板向序列时间轴的入点添加剪辑好的素材

2. 在源面板中设置入点,在时间轴中设置入点和出点

这里先恢复前面的操作,重新设置入点、出点和添加素材到时间轴中,准备进行与三点编辑等效的操作。可以在源面板中只确定入点,而在时间轴中确定入点和出点,这样也是由三个点来确定素材的连接,如图 4-10 所示。

图 4-10 在源面板中设置入点,在时间轴中设置入点和出点

在源面板中单击"覆盖"按钮,在时间轴中的入点和出点之间,使用源面板中的片段进行覆盖,如图 4-11 所示。

图 4-11 从源面板向序列时间轴的入点和出点之间添加素材

同样，如果在源面板中确定入点和出点，在时间轴中确定出点，也可以得到等效的结果。即在两个素材中，任意指定入点和出点中的三个，即可确定素材的剪辑结果。

与三点编辑中使用"覆盖"按钮添加一样，使用"插入"按钮也是相同的操作方法，不同的是，将源素材插入到目标轨道中，将时间轴插入点之后的素材向后偏移。

4.4 四点编辑操作

进行三点编辑操作，是对两个素材的两对入点和出点舍去一点进行操作，如果将两对入点和出点都进行设置，就成为四点编辑操作。

1. 源与目标的入点和出点之间长度一致

进行以上相同效果的剪辑操作，在源面板中设置入点和出点，在时间轴中也设置入点和出点，两对入点与出点间的长度一致，均为 5 秒的长度，如图 4-12 所示。

图 4-12 在源面板与时间轴设置两对长度相同的入点和出点

在源面板中单击"覆盖"按钮，正好将源面板中的片段覆盖到目标轨道的入点和出点之间，如图 4-13 所示。

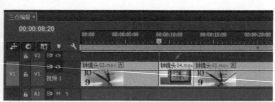

图 4-13 从源面板向时间轴的入点与出点之间添加剪辑好的素材

2. 源与目标的入点和出点之间长度不同

先恢复前面的覆盖操作，在源面板中重新设置出点，将源面板中的出点修改为第 13 秒 18 帧，即在源面板中入点和出点之间的素材长度为 10 秒，在时间轴中入点和出点之间的长度为 5 秒，如图 4-14 所示。

这里先选择菜单命令"编辑"→"首选项"→"常规"，在打开的首选项面板中，选中"'适合剪辑'对话框打开，以编辑范围不匹配项"复选框，如图 4-15 所示。

在源面板中单击"覆盖"按钮，将源面板中的片段覆盖到目标轨道的入点和出点之间。此时因为源与目标所设置的入点和出点长度不同，会弹出"适合剪辑"对话框，在其中选择需要的选项，例如，这里选择"忽略源出点"，单击"确定"按钮，如图 4-16 所示。

图 4-14 在源面板与时间轴中设置两对长度不同的入点和出点

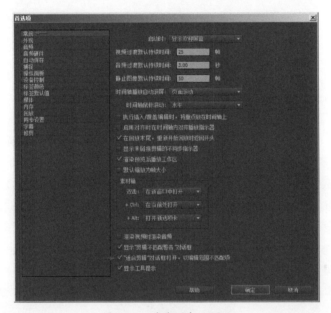

图 4-15 首选项中的预设

图 4-16 向时间轴添加素材时弹出设置对话框

此时将源片段覆盖到目标轨道中，忽略源面板中所设置的出点，即相当于三点编辑的功能，如图 4-17 所示。

图 4-17 添加素材时忽略源面板中所设置的出点

同样，在"适合剪辑"对话框中，4 个忽略入点或出点的选项，均相当于三点编辑的功能。如果使用"更改剪辑速度（适合填充）"选项，则将源面板中 10 秒的片段改变速度调整为 5 秒的长度，覆盖到目标轨道中，如图 4-18 所示。

图 4-18   添加素材时更改剪辑速度

4.5 实例：多机位编辑

重要的摄影项目，或为了实现一些特殊效果的摄影项目，都有可能采用多台摄像机同时进行拍摄的方法。多机位编辑是当前专业的视频剪辑软件必备的一项功能。对于多机位编辑产生的众多素材，使用多机位编辑功能，可以进行多轨道同步操作，以及多画面同屏显示，以供挑选使用某一时刻的任一镜头画面。这里有 4 组不同机位在同一段时间所拍摄的时钟视频素材，准备使用多机位编辑的方法，对其进行镜头切换剪辑，同时保留画面中时间指针正常的转动进程，这类似直播画面，不能发生时间指针穿帮的差错。本实例中画面切换的效果，如图 4-19 所示。

图 4-19   实例效果

1．新建项目和导入素材

（1）新建项目文件。

（2）将准备好的"钟镜头 1.mov"至"钟镜头 4.mov"4 个视频素材导入到项目面板中，如图 4-20 所示。

图 4-20   素材画面

2．新建序列和放置素材

（1）在项目面板中选中这 4 个视频素材，将它们拖至项目面板下部的"新建"按钮上，这样将按视频素材的属性建立序列，然后重新命名为"多轨道镜头同步"。

（2）将"钟镜头 1.mov"至"钟镜头 4.mov"分别放置在 V1 轨道至 V4 轨道中，如图 4-21 所示。

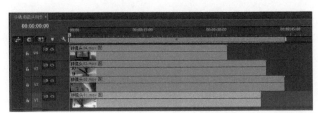

图 4-21　在时间轴中放置素材

3．确定素材同步点

（1）下面需要从这 4 个片段中找出共同的时间点用来进行同步，这里找出各个片段中秒针指向 3 时素材的时间点。双击"钟镜头 1.mov"，将其在源面板中打开，定位到素材画面中秒针指向 3 时的位置，按 M 键添加一个标记点，如图 4-22 所示。

图 4-22　添加"钟镜头 1.mov"的标记点

> **提　示**
>
> 　　在按 M 键添加标记点时，需要注意此时源面板应处于激活状态。如果在时间轴处于激活状态时按 M 键，将会在时间轴的时间标尺上添加标记点，而不是在轨道中的素材上添加标记。

（2）双击"钟镜头 2.mov"，将其在源面板中打开，定位到素材画面中秒针指向 3 时的位置，按 M 键添加一个标记点，如图 4-23 所示。

图 4-23　添加"钟镜头 2.mov"的标记点

（3）双击"钟镜头 3.mov"，将其在源面板中打开，定位到素材画面中秒针指向 3 时的位置，按 M 键添加一个标记点，如图 4-24 所示。

（4）双击"钟镜头 4.mov"，将其在源面板中打开，定位到素材画面中秒针指向 3 时的位置，按 M 键添加一个标记点，如图 4-26 所示。

图 4-25　添加"钟镜头 3.mov"的标记点　　　图 4-26　添加"钟镜头 4.mov"的标记点

4．同步各轨道素材

（1）在时间轴中增加视频轨道的高度，以显示标记点。可以看到，在时间轴各轨道中素材上已添加了标记点，如图 4-27 所示。

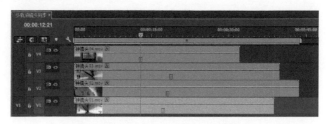

图 4-27　时间轴素材上的标记点

（2）在时间轴中查看标记点最靠右的素材所在的视频轨道，单击其轨道名称，这里为 V3，使其处于高亮的激活状态，关闭其他轨道的激活状态。全选这 4 个素材，右击，选择快捷菜单命令"同步"，弹出"同步剪辑"对话框，在其中选中"剪辑标记"项，单击"确定"按钮。这样，各个轨道中的素材以标记点为对齐点，对齐到激活轨道中素材的标记点位置，如图 4-28 所示。

 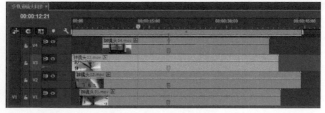

图 4-28　按标记点同步素材

提　示

　　如果对齐到非最右侧的标记点，会发生素材向左移动而自动剪切部分入点的情况。例如，这里在执行"同步"时，如果选中的轨道为素材标记点在最左侧的 V4 轨道，则执行"同步"时会自动将另外三个标记点偏右的素材剪去部分出点，左移并对齐标记点。

5．嵌套同步的序列和启用多机位编辑

（1）在项目面板中选中"多轨道镜头同步"，将其拖至项目面板下部的"新建"按钮上，这样按其属性建立序列，然后重新命名为"多机位编辑"。

（2）在打开的"多机位编辑"时间轴中，在"多轨道镜头同步"上右击，选择快捷菜单命令"多机位"→"启用"，如图 4-29 所示。

图 4-29　启用多机位编辑

（3）这样在轨道中的素材名称前将出现 [MC1] 字样，在素材上右击，弹出的快捷菜单命令"多机位"下子菜单命令也将发生变化，当前默认启用"相机 1"，即对应的 [MC1] 字样，如图 4-30 所示。

图 4-30　启用多机位编辑后素材发生变化

（4）在节目监视器面板右上角单击，选择弹出菜单命令"多机位"，打开多机位视频的并列显示，如图 4-31 所示。

图 4-31　在节目监视器面板中查看多机位画面

6．录制多机位中的镜头切换

（1）在节目监视器面板中查看多机位视频的并列显示，移动时间并单击左侧 4 个机位镜头中的某一个，选中的镜头显示有黄色的边框，右侧为最终剪辑的镜头，与左侧选中镜头相对应。在播放过程中单击左侧多机位中的某个镜头，可以进行实时的镜头切换。这里制作一段画面中钟表的秒针从 0 秒开始，经过几个镜头的切换，旋转到 30 秒的位置并定格的动画。先确定视频画面中钟表的秒针指向 12 时当前时间轴中的时码。单击左侧 4 段多机位视频中左下角，即第三个机位的画面，将时间移至第 3 秒处，可以按左、右方向键逐帧比较视频画面中秒针的动态来精确定位。这里将钟的秒针从 0 秒开始的视频时码确定为第 3 秒 20 帧处，如图 4-32 所示。

图 4-32　对照画面定位时间

（2）在第 3 秒 20 帧处分割时间轴视频轨道中的"多轨道镜头同步"，选中前面分割开的素材，按 Shift+Delete 组合键进行波纹删除，同时后面部分移至开始位置，如图 4-33 所示。

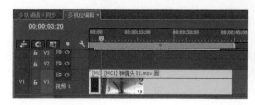 

图 4-33　分割素材

（3）这里使用第三个机位的画面开始录制多机位切换，即先选中左下角的画面，将时间移至时间轴的开始位置，按空格键播放，同时单击左侧的多机位画面实时切换机位镜头。开始选择的机位，如图 4-34 所示。

（4）播放的同时，在第 5 秒处单击第四个机位，如图 4-35 所示。

图 4-34　切换机位镜头　　　　　　图 4-35　播放时切换机位镜头

（5）在第 10 秒处单击第一个机位，在第 15 秒处单击第二个机位，在第 20 秒处单击第四个机位，在第 25 秒处单击第二个机位，在第 28 秒处单击第四个机位，在第 30 秒之后按空格键停止播放，结束多机位的切换操作。在时间轴中将在切换不同机位的时间点和停止的时间点处，自动对视频进行分割，并在各个片段名称前显示机位的序号，如图 4-36 所示。

图 4-36　继续播放和切换其他机位镜头

7. 精确调整多机位中切换的剪辑点

（1）手动切换精确只能达到秒，如果要按精确到帧来进行制作，可以使用工具面板中的滚动编辑工具，在前、后连接的两个机位镜头分割点处调整剪辑点，进一步精确到帧。例如，可以将时间移至第5秒处，用滚动编辑工具将第5秒02帧处两个机位的剪辑点精确调整到第5秒，如图4-37所示。

图4-37 用滚动编辑工具调整剪辑点

（2）同样，根据需要进一步精确调整其他剪辑点，并将最后剪辑点调整到第30秒，如图4-38所示。

图4-38 精确调整各剪辑点

8．替换多机位中的镜头和制作定格

（1）如果切换完成的某些镜头需要替换，可以将时间移到这个镜头处，在左侧4个机位镜头中单击新机位，即可将当前时间所在的片段进行替换。例如，将时间轴中最后一个素材第三个机位的片段替换为第四个机位，将时间移至最后片段处，单击第四个机位即可，如图4-39所示。

图4-39 替换其他机位镜头

（2）在最后的片段上右击，选择快捷菜单命令"帧定格选项"，在打开的对话框中设置按入点定格片段，单击"确定"按钮。然后将片段的最后出点设置为第35秒，即保持5秒的定格画面，如图4-40所示。

图4-40 设置最后的定格画面

思考与练习

一、思考题

1．源面板有什么作用？

2．在源面板和时间轴中各设置一个入点，添加素材，能称为两点编辑吗？有没有两点编辑的说法？

3．四点编辑在什么情况下执行的是三点编辑的功能？

4．怎样确保源面板中 5 秒的素材能完全覆盖时间轴中 10 秒范围的长度？

二、练习题

1．练习在时间轴中设置入点、出点，然后在源面板中使用三点编辑和四点编辑方式放置素材。

2．使用多机位素材，重新建立序列，制作一个不同镜头切换的视频。

第 5 章

固定效果、关键帧及变速制作

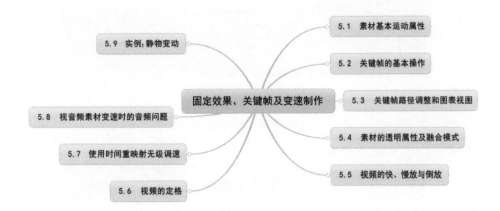

- 5.9 实例: 静物变动
- 5.1 素材基本运动属性
- 5.2 关键帧的基本操作
- 固定效果、关键帧及变速制作
- 5.3 关键帧路径调整和图表视图
- 5.8 视音频素材变速时的音频问题
- 5.4 素材的透明属性及融合模式
- 5.7 使用时间重映射无级调速
- 5.5 视频的快、慢放与倒放
- 5.6 视频的定格

Premiere Pro CC 的编辑操作是针对时间轴中的素材片段进行的，当选中时间轴中的某一素材片段后，可以在效果控件面板中显示出包括"运动"、"不透明度"和"时间重映射"设置的"视频效果"，这些效果固定在效果控件面板中，称为固定效果。在固定效果下，可以对素材进行基本的"运动"、"不透明度"以及"时间重映射"设置，还可以进行关键帧的动画制作。本章对固定效果及其关键帧的设置操作进行讲解，同时演示对素材的变速操作。

5.1 素材基本运动属性

当选中时间轴中的素材片段时，在效果控件面板中将显示出素材相关的"运动"、"不透明度"和"时间重映射"这几项固定视频效果的属性，如图 5-1 所示。

图 5-1 效果控件面板显示固定视频选项

在"运动"下调整相应的"位置"、"缩放"及"旋转"属性。对于改变的属性，单击其后面的重置参数按钮，可以恢复为默认的数值。单击"运动"名称之后的重置参数按钮，则恢复"运动"的全部属性为默认的数值，如图 5-2 所示。

图 5-2 改变属性数值和重置数值

利用"运动"属性的设置，可以对素材画面进行一些基本的调整制作，例如，常用的画中画效果如图 5-3 所示。

图 5-3 利用运动属性设置画中画效果

5.2　关键帧的基本操作

1．关键帧的作用

在没有使用关键帧之前，在一个素材片段中，效果属性的数值为一个固定不变的数值，添加关键帧的作用就是使其在不同的时间改变为不同的数值，产生变化的效果。关键帧之间的数值为插值，要创建随时间推移的属性变化，应设置至少两个关键帧：一个关键帧对应于变化开始的值，另一个关键帧对应于变化结束的值，以产生动画效果。

2．关键帧的添加和删除

关键帧的添加首先通过效果属性名称前的秒表图标来控制，单击打开秒表图标，添加关键帧，这样可以在不同时间位置记录不同的数值；如果再次单击关闭秒表图标，则取消关键帧，当前属性只具有一个无变化的数值，如图 5-4 所示。

图 5-4　单击秒表图标添加关键帧

单击效果控件面板右上角的"显示／隐藏时间轴视图"按钮，可以控制时间轴视图的显示和隐藏。在效果控件面板中打开某属性的秒表后，通常需要展开右侧的时间轴视图查看所添加的关键帧，可以根据需要将效果控件面板拉宽一些，为更好地显示时间轴视图留出适当的空间，如图 5-5 所示。

图 5-5　显示或隐藏时间轴视图

移动时间至新的位置，继续添加关键帧，有两种方式：一种是单击"添加／移除关键帧"按钮，另一种是直接更改属性的数值，当属性数值与原关键帧的数值不相同时，会自动添加一个关键帧，如图 5-6 所示。

删除关键帧的方法是，可以单击"添加／移除关键帧"按钮删除当前时间的关键帧，或者按删除键删除选中的一个或多个关键帧，或者关闭秒表删除全部关键帧。

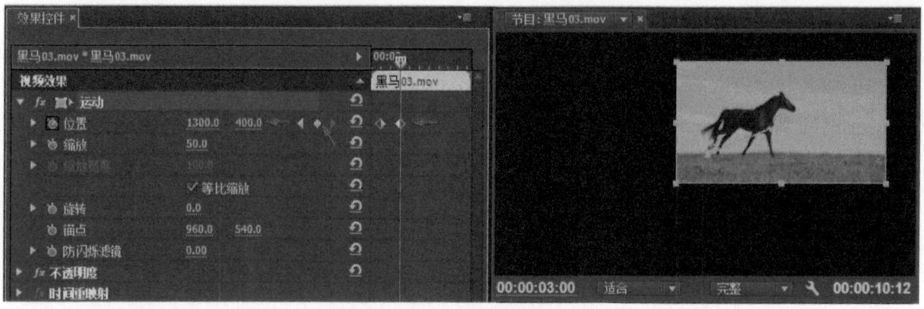

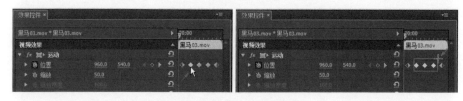

图 5-6　添加关键帧

3．关键帧的选择

在效果控件面板右侧的时间轴视图中，对关键帧的选择操作，根据需要有以下多种方式：

- 可以单击某个关键帧将其选中，被选中的关键帧以高亮的显示来区别于其他关键帧。
- 可以用框选的方法同时选中多个关键帧，如图 5-7 所示。

图 5-7　单击或框选关键帧

- 可以按住 Shift 键或 Ctrl 键不放，连续单击选择多个连续或不连续的关键帧。
- 可以单击属性名称，将其关键帧全部选中，如图 5-8 所示。

图 5-8　选择关键帧

4．关键帧的移动

将时间指示器移至某个关键帧处的方法是，单击关键帧导航器中的"转到上一个关键帧"按钮或"转到下一个关键帧"按钮，或者按住 Shift 键的同时拖动时间指示器到某个关键帧附近，时间指示器会自动吸附到关键帧的位置，实现精确定位，如图 5-9 所示。

图 5-9　将时间指示器移至关键帧上

对于选中的一个或多个关键帧，可以用鼠标拖至新的时间位置，通常先确定时间指示器的位置，然后将选中的关键帧拖动吸附至时间指示器处，实现精确定位，如图 5-10 所示。

图 5-10　拖动选中的关键帧到新的时间位置

5. 关键帧的复制

在进行关键帧设置时，常有一些数值相同的关键帧，可以使用复制和粘贴的方法进行设置，既快捷又准确。操作方法是，选中要复制的关键帧，按 Ctrl+C 组合键复制，然后将时间指示器移至目标位置，再按 Ctrl+V 组合键粘贴，如图 5-11 所示。

图 5-11　复制和粘贴关键帧

5.3　关键帧路径调整和图表视图

1. 关键帧的路径曲线

在为"位置"属性添加关键帧并设置位置移动的动画中，单击"运动"，这样可以在节目监视器面板中显示出位置路径，在路径关键帧锚点上默认显示调节路径曲线的手柄，如图 5-12 所示。

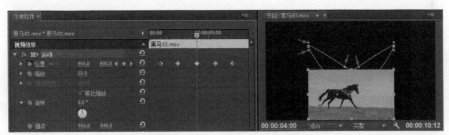

图 5-12　显示运动路径

在节目监视器面板中使用鼠标调整手柄，可以改变插值路径的形状。配合使用 Ctrl 键拖动手柄，可以单独调整关键帧一侧的手柄而不影响另一侧的手柄，或者从没有手柄的关键帧处拉出调节手柄。调整路径形状如图 5-13 所示。

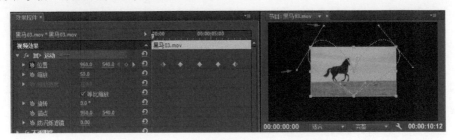

图 5-13　调整关键帧锚点的曲线手柄

　　在节目监视器面板中配合使用 Ctrl 键单击关键帧，可以将曲线的路径变为直线，如图 5-14 所示。

图 5-14　转变曲线为直线

　　使用线性的关键帧插值也可以将曲线的路径变为直线。例如，按 Ctrl+Z 组合键先恢复曲线的路径状态，在效果控件面板中单击"位置"属性，将关键帧全部选中，然后在任一关键帧上右击，选择快捷菜单命令"空间插值"→"线性"，如图 5-15 所示。

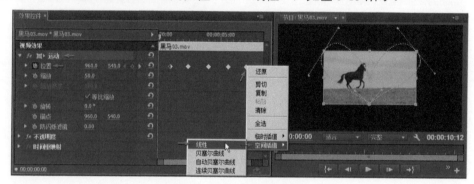

图 5-15　选择空间插值类型

　　这样，将原来的贝赛尔曲线的路径转变为直线的形状，如图 5-16 所示。

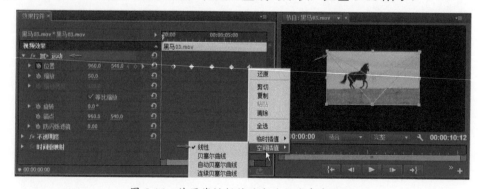

图 5-16　使用线性插值改变路径为直线形状

2．关键帧的速率变化

　　为一个素材的"位置"在第 0 帧和第 24 帧处添加两个关键帧，单击"运动"，使其路径在节目监视器面板中显示出来，然后单击"位置"，选中两个关键帧，在任一关键帧上右击，选择快捷菜单命令"临时插值"，在其下的菜单中可以看到默认选中"线性"，即图像匀速从屏幕左侧移动到右侧，如图 5-17 所示。

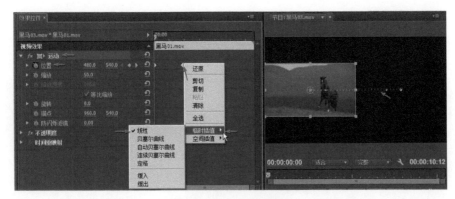

图 5-17　线性的匀速移动

选中第二个关键帧，在其上右击，选择快捷菜单命令"临时插值"→"缓入"，这样，在节目监视器面板中可以看到，在位置路径中，左稀右密，图像从屏幕左侧向右侧移动时，针对右侧关键帧的插值不再为匀速的方式，而是逐渐减慢的缓入效果。再次查看快捷菜单命令"临时插值"子菜单选项，此时显示"贝赛尔曲线"被选中，如图 5-18 所示。

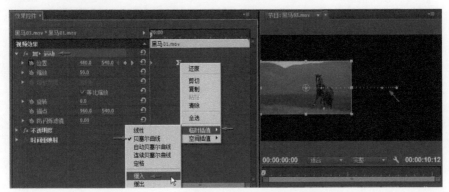

图 5-18　使用缓入方式的贝赛尔曲线

同样，与缓入对应的缓出，这里可以选择第一个关键帧来进行比较。先按 Ctrl+Z 组合键将第二个关键帧恢复到线性的关键帧类型，即当前关键帧之间为匀速的运动。选中第一个关键帧，在其上右击，选择快捷菜单命令"临时插值"→"缓出"，这样图像从屏幕左侧向右侧移动时，针对左侧关键帧产生由慢逐渐变快的缓出效果，如图 5-19 所示。

图 5-19　使用缓出方式的贝赛尔曲线

在效果控件面板中单击展开"位置"前面的三角形图标，显示出关键帧的图表视频，可以看到速率曲线，从第一个关键帧到第二个关键帧为从低到高的曲线，即速度由慢逐渐变快的缓出方式，如图 5-20 所示。

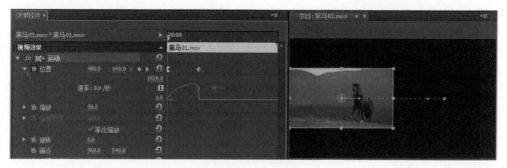

图 5-20　展开速率曲线

调整效果控件面板中图表视图的宽度和高度，放大显示，用鼠标调整速率曲线的形状，加强缓出的效果，使缓出动画在开始时更缓慢，在结束时更快速，如图 5-21 所示。

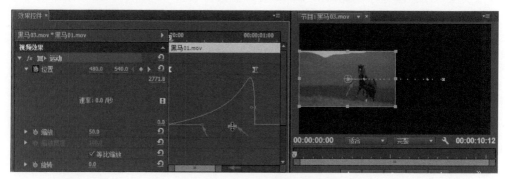

图 5-21　调整速率曲线的形状

选择快捷菜单命令"临时插值"→"定格"，会将当前关键帧之后的数值进行定格不变。例如，在原来的两个关键帧之后再添加其他关键帧，并设置新的位置，即在当前第二个关键帧之后，节目监视器面板中的画面继续移动至其他关键帧位置，如图 5-22 所示。

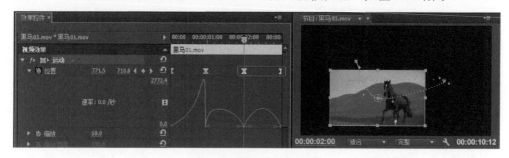

图 5-22　添加其他关键帧

在第二个关键帧上右击，选择快捷菜单命令"临时插值"→"定格"，如图 5-23 所示。

这样在第二个关键帧之后，节目监视器面板中的画面停止移动，并从第三个关键帧位置直接跳至新的位置画面。在效果控件面板中可以看到关键帧形状的变化，在第二个关键帧之后速率曲线变为速度为 0 的直线，即静止状态，如图 5-24 所示。

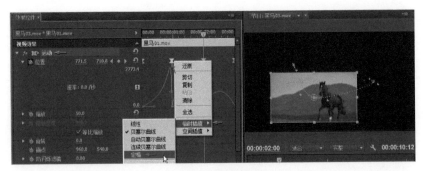

图 5-23 定格关键帧

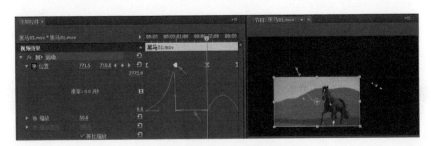

图 5-24 查看定格关键帧的速率

3. 关键帧的值图表和速率图表

单击展开在关键帧"属性"前的三角形图标,可以查看属性的关键帧图表,包括值图表和速率图表。例如,这里为"缩放"设置关键帧,并查看其默认的图表曲线,上面对应缩放数值的曲线为值图表,下面对应速度的曲线为速率图表,如图 5-25 所示。

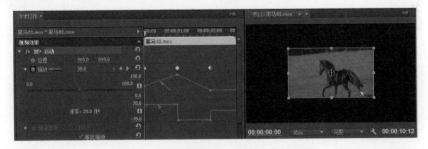

图 5-25 展开值图表与速率图表的曲线

单击"缩放",全部选中其关键帧,在任一关键帧上右击,选择快捷菜单命令"贝赛尔曲线",如图 5-26 所示。

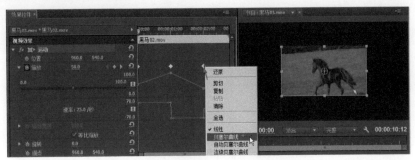

图 5-26 选择关键帧类型

此时图表中的曲线发生变化，如图 5-27 所示。

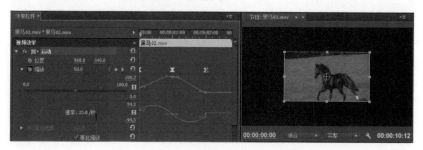

图 5-27　图表曲线的变化

可以通过关键帧两侧的手柄对关键帧的图表曲线进行调整，改变关键帧的插值方式。同样，可以为"旋转"等其他属性设置类似的关键帧插件方式。

5.4　素材的透明属性及融合模式

在效果控件面板中通过"不透明度"的设置，可以调整图像在节目监视器面板中以 100% 完全不透明的方式显示，或者以 0% ～ 100% 之间半透明的方式显示，0% 为完全透明，素材画面将消失。常用"不透明度"的关键帧动画来设置画面逐渐显示或逐渐消失。

"混合模式"属性可以为上层轨道的素材片段选择众多的混合模式与下层轨道的画面混合显示，如图 5-28 所示。

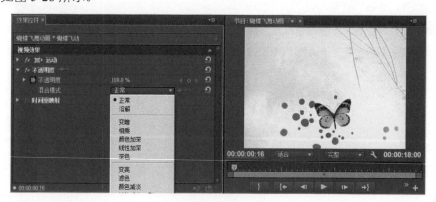

图 5-28　素材的混合模式

例如，为上层轨道中的蝴蝶素材选择不同的混合模式，得到与下层轨道背景画面不同的混合效果，如图 5-29 所示。

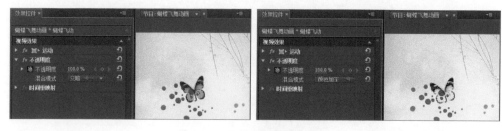

图 5-29　不同的混合模式效果

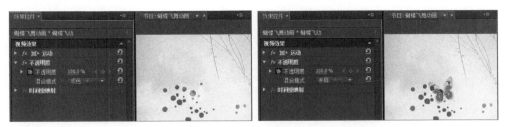

图 5-29　不同的混合模式效果（续）

5.5　视频的快、慢放与倒放

对于时间轴上的视频素材，可以使用以下几种方法对素材的播放速度进行改变，制作快、慢放及倒放的效果。

1. 快放和慢放

（1）使用变速工具进行变速调整，压短素材片段以制作快放效果，或拉长素材片段以制作慢放效果，同时在时间轴的素材片段上显示改变后的速度比率，如图 5-30 所示。

图 5-30　使用变速工具改变素材的速度

（2）在时间轴的视频素材片段上右击，选择快捷菜单命令"速度/持续时间"，在打开的对话框中，可以输入精确的速度百分比来改变速度。超过 100% 时为快放，低于 100% 时为慢放，如图 5-31 所示。

图 5-31　使用快捷菜单命令改变素材的速度

2. 倒放

在时间轴的视频素材片段上右击，选择快捷菜单命令"速度/持续时间"，在打开的对话框中选中"倒放速度"复选框，视频画面变为倒放的效果，同时速度显示为负的数值，如图 5-32 所示。

提　示

若选中"波纹编辑，移动尾部剪辑"复选框，则改变速度引起的片段长度变化将同时影响片段尾部其他剪辑在时间轴中向左或向右偏移位置。

图 5-32　设置倒放效果

5.6　视频的定格

1．将整个片段定格为静止的画面

在时间轴的视频素材片段上，先移动时间指示器，确定要定格为静止画面的某一帧时间位置，右击选择快捷菜单命令"帧定格选项"，在"帧定格选项"对话框中，"定格位置"默认为"时间"，同时在"帧"之后显示当前时间指示器位置的时间，单击"确定"按钮，将当前动态的视频片段全部定格为当前时间位置的画面，如图 5-33 所示。

图 5-33　定格片段

在"帧定格选项"对话框中"定格位置"设置为"时间"时，可以更改"帧"后的时间，选择定格画面；或者选择"播放指示器"，即当前时间指示器位置的时间；另外还可以使用"入点"或"出点"作为定格画面的选项。如果为素材添加了动态的效果，也可以一同将效果定格为静止画面，如图 5-34 所示。

图 5-34　"帧定格选项"对话框中的"定格位置"选项

2．将视频在后一部分制作定格的画面

通常有一类用法是一段视频前一部分为正常的动态视频，只在后一部分设置静止的画面，可以使用快捷菜单命令"添加帧定格"来快速完成这个效果。在时间轴的视频素材片段上，先移动时间指示器，确定要定格为静止画面的某一帧时间位置，右击，选择快捷菜单命令"添加帧定格"，这样将在当前时间位置分割视频素材，前一部分为正常的动态视频，后一部分为以当前时间位置定格的静止画面，如图 5-35 所示。

图 5-35 将视频后一部分定格

这一设置的另一个好处是，添加了帧定格操作之后，后一部分静止画面的素材可以任意缩短或拉长，可看作一幅静止图像来操作，如图 5-36 所示。

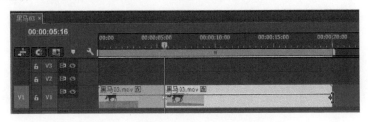

图 5-36 调整后一部分定格画面的长度

3. 在视频片段中插入一小段作为定格的画面

对于定格的制作，还有一类用法是在一段视频的中间插入一段或多段定格画面，例如，拍摄时产生的短暂的停顿画面，这种制作可以使用快捷菜单命令"插入帧定格分段"来快速完成。在时间轴的视频素材片段上，先移动时间指示器，确定要定格为静止画面的某一帧时间位置，右击，选择快捷菜单命令"插入帧定格分段"，这样在当前时间位置插入一段 2 秒长度的定格画面，前一部分为正常的动态视频，插入的这 2 秒长度的片段为以当前时间位置定格的静止画面，之后继续播放视频素材中被覆盖 2 秒之后其他部分的视频，如图 5-37 所示。

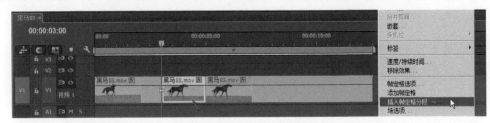

图 5-37 插入帧定格分段

可以继续在视频素材的其他时间位置执行快捷菜单命令"插入帧定格分段"，在不同时间点插入定格片段。另外，可以使用滚动编辑工具在定格片段与后面视频之间的剪切点间左右拖动，调整剪辑点，改变定格片段的长度，如图 5-38 所示。

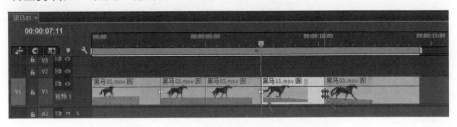

图 5-38 插入多个帧定格分段并调整剪辑点

5.7 使用时间重映射无级调速

时间重映射功能可以对视频进行无级变速，即视频中的动作逐渐加速或逐渐减速的效果。在使用时间重映射时，可以在时间轴中显示出关键帧，直观地进行调整操作。

（1）这里在时间轴中选中视频素材，将时间移至第 2 秒处。在效果控件面板中展开"时间重映射"，打开"速度"前面的秒表，记录关键帧。再将时间移至第 3 秒处，单击"添加 / 移除关键帧"按钮，添加一个关键帧，如图 5-39 所示。

图 5-39 添加时间重映射关键帧

（2）在时间轴的视频素材上右击，选择快捷菜单命令"显示剪辑关键帧"→"时间重映射"→"速度"，在时间轴的素材片段上显示出所添加的关键帧，如图 5-40 所示。

图 5-40 在时间轴中显示关键帧

提 示

当轨道高度为最小时，关键帧等信息的显示被隐藏。可以双击视频轨道头右部，或者在视频轨道头位置滚动鼠标中键，或者将鼠标指针移至视频轨道头位置当前轨道与其他轨道间，等鼠标指针改变形状之后，按住左键上下拖动，或者按 Ctrl+"="及 Ctrl+"−"组合键，这样可以改变轨道高度，增大时可以显示出关键帧。

（3）查看所添加的关键帧标记，每个关键帧分为左右两部分，将第一个关键帧的左侧部分拖至第 1 秒处，将第二个关键帧的右侧部分拖至第 5 秒处，如图 5-41 所示。

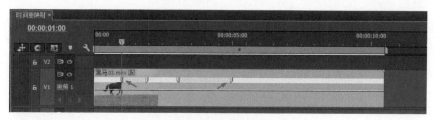

图 5-41 调整关键帧一侧部分的时间位置

（4）增加视频轨道高度，方便下一步的调整操作。将鼠标指针移至两组关键帧之间的线段上，等鼠标指针形状变化后，按住左键，向下拖动，如图 5-42 所示。

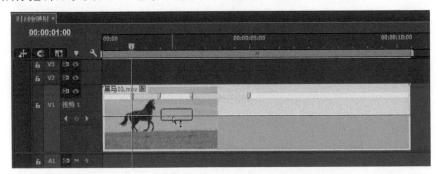

图 5-42　增加轨道高度并准备拖动速度线段

（5）在拖动鼠标的同时，会有当前线条的速度百分比的显示，这里将数值从 100% 拖至显示为 30%，即将原来的速度降至 30%，如图 5-43 所示。

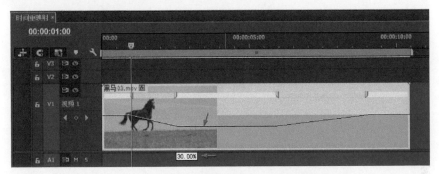

图 5-43　将速度线段向下拖至 30% 位置

（6）释放左键之后，由于视频素材中间部分的播放速度降低变慢，因此整个素材的长度相应变长，如图 5-44 所示。

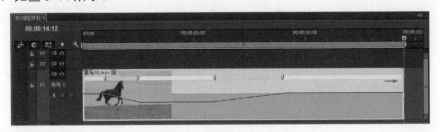

图 5-44　素材慢放后长度变长

（7）播放此时的视频，画面中的动作从第一个关键帧左侧部分，逐渐从 100% 的速度开始降速播放，至第一个关键帧右侧部分时，速度降低至 30%，然后以 30% 的速度播放至第二个关键帧的左侧部分，之后开始从 30% 的速度加快，至第二个关键帧右侧部分时，速度又恢复为 100%，然后以 100% 的原速继续播放，这样产生了渐慢和渐快的无级变速效果。

（8）同样，可以在后面继续添加准备设置快放的一个关键帧，如图 5-45 所示。

（9）将关键帧的右侧部分向右移动，设置一个速度渐变的时间范围，如图 5-46 所示。

（10）在后一个关键帧的右侧向上拖动速度线段，提高速度，制作速度逐渐加快的变速效果,如图 5-47 所示。

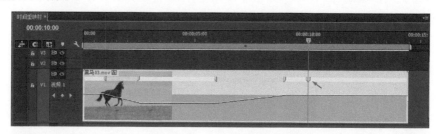

图 5-45　添加关键帧

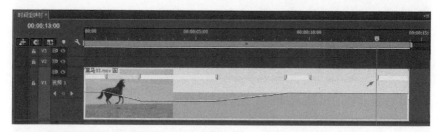

图 5-46　调整关键帧一侧部分的时间位置

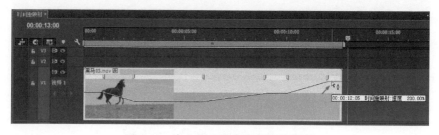

图 5-47　向上拖动速度线段快放素材

5.8　视音频素材变速时的音频问题

（1）在对视频素材进行变速操作时,有些视频本身所包含的音频也同时被变速,此时,音频的声调会发生变化,音频放慢时音调降低,音频加快时音调升高,变化的幅度稍大就会导致音频失真严重,如图 5-48 所示。

图 5-48　同时改变视频和音频的速度

（2）此时一般需要将视、音频分开进行调整,即在视、音频素材上右击,选择快捷菜单命令"取消链接"，然后单独选中视频部分，改变视频的速度，音频的速度将保持不变，如图 5-49 所示。

图 5-49　取消视、音频链接后单独调整视频速度

提　示

视需要也可以对音频的速度进行更改，或者对音频的整体长度进行缩放，但是，这些操作都是在很有限的范围内进行的，为了保证音频质量，变化的幅度都不能过大，请查看音频编辑章节的相关内容。

5.9　实例：静物变动

本实例使用一张蝴蝶的图片和一张背景图，将图片中蝴蝶的翅膀分离开，制作成可以扇动翅膀飞舞的蝴蝶动画，然后设置蝴蝶的位移路径，制作蝴蝶飞舞和停留的效果。实例效果如图 5-50 所示。

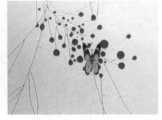

图 5-50　实例效果

1．新建项目、序列和导入素材

（1）新建项目文件。

（2）新建序列，在"新建序列"对话框的"序列预设"选项卡中，展开"可用预设"下的 DV-PAL，选择"标准 48kHz"，将"序列名称"设为"扇动快速1"，单击"确定"按钮建立序列。

（3）在项目面板中双击，打开"导入"对话框，选择准备好的"蝴蝶 .psd"文件，在导入时会打开"导入分层文件"对话框，"导入为"选择"序列"，"素材尺寸"选择"文档大小"，单击"确定"按钮将其导入。在项目面板中显示有文件夹、序列和 3 个分层图像。然后导入"长背景 .jpg"图像文件，如图 5-51 所示。

图 5-51　按序列方式导入的分层图像及导入背景图像

2．制作"扇动快速 1"的动画

（1）从项目面板中将"身体"、"左翅"和"右翅"分别拖至"扇动快速 1"时间轴的 V1、V2 和 V3 轨道中，长度设为 3 秒，如图 5-52 所示。

图 5-52　放置素材

（2）在效果面板的"视频效果"下展开"透视"，将"基本 3D"拖至"左翅"上，如图 5-53 所示。

图 5-53　添加"基本 3D"效果

（3）在第 0 帧时，选中"左翅"，在效果控件面板中的"基本 3D"下，单击打开"旋转"前的秒表，将其设为 -45°，设置"与图像的距离"为 50。选中这个设置好的"基本 3D"，按 Ctrl+C 组合键复制，再选中"右翅"按 Ctrl+V 组合键粘贴，为"右翅"也应用这个效果，之后将"旋转"修改为 45°，如图 5-54 所示。

图 5-54　设置两个翅膀第 0 帧时的效果和关键帧

（4）在第 5 帧时，在效果控件面板中设置"左翅"和"右翅"的"旋转"均为 0°，如图 5-55 所示。

图 5-55　设置第 5 帧时的关键帧

（5）在第 10 帧时，在效果控件面板中设置"左翅"的"角度"为 -70°，"右翅"的"角度"为 70°，如图 5-56 所示。

图 5-56　设置第 10 帧时的关键帧

（6）在第 15 帧时，在效果控件面板中设置"左翅"和"右翅"的"旋转"均为 0°，如图 5-57 所示。这样设置完一组 4 个关键帧。

图 5-57　设置第 15 帧时的关键帧

（7）选中"左翅"设置好的 4 个关键帧，按 Ctrl+C 组合键复制，在第 1 秒处按 Ctrl+V 组合键粘贴，同时修改第 1 秒处的"旋转"为 -70°，其他关键帧不变。再选中第 1 秒后的 4 个关键帧，按 Ctrl+C 组合键复制，在第 2 秒处按 Ctrl+V 组合键粘贴，如图 5-58 所示。

图 5-58　复制和粘贴关键帧

（8）在第 3 秒处，将"左翅"的"旋转"设为 -45°，与第 0 帧处的数值一致，这样可以形成循环的动画效果。同样，对"右翅"也进行相应的操作，使其关键帧与"左翅"的数值保持一一对应的正、负值关系，制作对称的翅膀扇动动画，如图 5-59 所示。

图 5-59　设置循环和对称的关键帧

3．制作"扇动快速 2"的动画

（1）在项目面板中选中"扇动快速 1"，按 Ctrl+Shift+"/"组合键创建副本，并重命名为"扇动快速 2"。

（2）将"扇动快速 2"时间轴中的片段长度设为 1 秒 06 帧。在效果控件面板中删除"左翅"和"右翅"的"旋转"关键帧，重新进行设置。

（3）设置"左翅"的"旋转"关键帧，第 0 帧、第 3 帧、第 8 帧、第 11 帧、第 14 帧、第 17 帧、第 20 帧、第 23 帧、第 1 秒 01 帧、第 1 秒 06 帧分别为 -45°、0°、-60°、0°、-30°、15°、-30°、25°、-30°、-45°，如图 5-60 所示。

图 5-60　设置快捷 2 关键帧

（4）对"右翅"也进行相应的操作，使其关键帧与"左翅"的数值保持一一对应的正、负值关系，制作对称的翅膀扇动动画。

4．制作"扇动慢速 1"的动画

（1）在项目面板中选中"扇动快速 1"，按 Ctrl+Shift+"/"组合键创建副本，并重命名为"扇动慢速 1"。

（2）将"扇动慢速 1"时间轴中的片段长度设为 4 秒。在效果控件面板中删除"左翅"和"右翅"的"旋转"关键帧，重新进行设置。

（3）设置"左翅"的"旋转"关键帧，在第 0 帧至第 4 秒之间设置 9 个关键帧，设为交替的 -45° 与 0° 两个数值，以 -45° 开始和结束，如图 5-61 所示。

（4）对"右翅"也进行相应的操作，使其关键帧与"左翅"的数值保持一一对应的正、负值关系，制作对称的翅膀扇动动画。

图 5-61　设置慢速 1 关键帧

5．制作"扇动慢速 2"的动画

（1）在项目面板中选中"扇动快速 1"，按 Ctrl+Shift+"/"组合键创建副本，并重命名为"扇动慢速 2"。

（2）将"扇动慢速 2"时间轴中的片段长度设为 4 秒。在效果控件面板中删除"左翅"和"右翅"的"旋转"关键帧，重新进行设置。

（3）设置"左翅"的"旋转"关键帧，在第 0 帧至第 4 秒之间设置 9 个关键帧，设为交替的 -45°与 -70°两个数值，以 -45°开始和结束，如图 5-62 所示。

图 5-62　设置慢速 2 关键帧

（4）对"右翅"也进行相应的操作，使其关键帧与"左翅"的数值保持一一对应的正、负值关系，制作对称的翅膀扇动动画。

6．制作"蝴蝶飞动"

（1）新建序列，在"新建序列"对话框的"序列预设"选项卡中，展开"可用预设"下的 DV-PAL，选择"标准 48kHz"，将"序列名称"设为"蝴蝶飞动"，单击"确定"按钮建立序列。

（2）从项目面板中将"长背景 .jpg"拖至"蝴蝶飞动"时间轴的 V1 轨道开始位置。

（3）从项目面板中将制作好的 4 个扇动翅膀序列依次拖至 V2 轨道中，前后连接，顺序为"扇动快速 2"、"扇动慢速 1"、"扇动快速 2"、"扇动慢速 2"、"扇动快速 2"、"扇动快速 1"、"扇动快速 2"、"扇动快速 2"和"扇动快速 1"。

（4）将"长背景 .jpg"的出点延长，与 V2 轨道动画结束的位置一致。

（5）对照蝴蝶扇动翅膀的动画，在效果控件面板中为"长背景 .jpg"制作从上向下移动的动画，使得看上去是蝴蝶在向上飞行的效果，设置"长背景 .jpg"的"位置"在第 0 帧时为（360，-400），在第 5 秒 12 帧时为（360，400），在第 9 秒 12 帧时为（360，400），在第 17 秒 24 帧时为（360，1000）。这样制作飞行，停留，再飞行的动画，如图 5-63 所示。

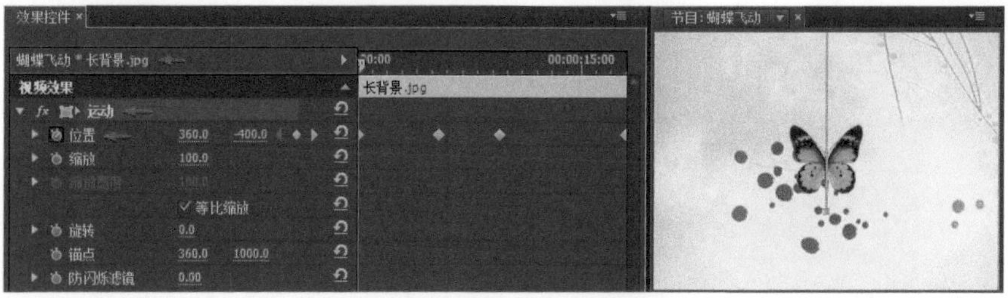

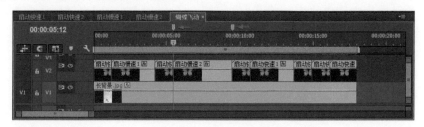

图 5-63　设置移动关键帧

（6）在时间轴的第 5 秒 12 帧和 9 秒 12 帧处，即"长背景 .jpg"停留的开始和结束位置，按 M 键添加两个标记点，如图 5-64 所示。

图 5-64　添加标记点

7．制作"蝴蝶飞舞动画"

（1）在项目面板中将"蝴蝶飞动"拖至面板下方的新建按钮上，新建一个序列，重命名为"蝴蝶飞舞动画"。

（2）切换到"蝴蝶飞动"序列时间轴，在 V1 轨道选中设置好动画的"长背景 .jpg"，按 Ctrl+C 组合键复制，再关闭 V1 轨道的显示。

（3）切换到"蝴蝶飞舞动画"时间轴，将 V1 轨道中的"蝴蝶飞动"拖至 V2 轨道中，确认 V1 轨道为高亮的选中状态，在开始的时间位置按 Ctrl+V 组合键粘贴"长背景 .jpg"，如图 5-65 所示。

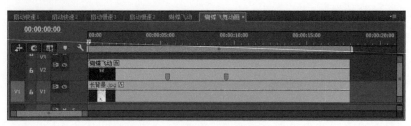

图 5-65　建立序列并复制素材

（4）选中 V2 轨道中的"蝴蝶飞动"，在效果控件面板中为其设置位移和旋转的动画关键帧，使蝴蝶不至于一直处于直线飞行。设置第 0 帧时"位置"为（500，450），"旋转"为 -15°；第 2 秒时"位置"为（200，320），"旋转"为 10°；第 4 秒时"位置"为（400，300），"旋转"为 0°；第 9 秒 12 帧时"位置"为（400，300），"旋转"为 0°；第 12 秒时"位置"为（270，260），"旋转"为 -15°；第 17 秒 24 帧时"位置"为（350，200），"旋转"为 0°。在设置动画时注意两个标记点之间，蝴蝶的位置和旋转应该不发生变化。如图 5-66 所示。

图 5-66　设置运动关键帧

（5）最后为动画进行配乐，完成制作。

思考与练习

一、思考题

1．固定视频效果有哪几种？

2．怎样制作一个越来越慢的移动效果？

3．如果用变速工具不容易调节到一个准确的速度，怎么办？

4．倒放带有背景音乐的视频，如果出现怪异的声音，应如何解决？

二、练习题

1．制作有 4 个画面的分屏效果。

2．制作一组旋转飞入并曲线移动的画中画展示效果。

3．制作由快至慢再变快的无级变速效果。

第 6 章

视频过渡

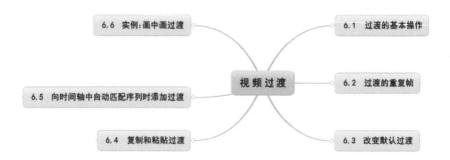

　　过渡将场景从一个镜头通过某种方式转移到下一个镜头，Premiere Pro 提供了大量用于转换镜头的不同方式，如交叉淡化、翻页或旋转风车等。通常，可以将过渡应用于两个镜头之间的剪切线上，也可以只将过渡应用于剪辑的开头或结尾。

　　在默认情况下，在时间轴中将一个剪辑放在另一个剪辑旁边将会产生剪切，此处，一个剪辑的最后一帧直接位于下一个剪辑的第 1 帧之前。如果要在场景变化中强调或增加特殊效果，可以添加一个过渡，如擦除、缩放或溶解。过渡位于效果面板中的"视频过渡"和"音频过渡"中，使用效果面板将过渡应用于时间轴中，然后使用时间轴和效果控件面板编辑这些过渡。

6.1　过渡的基本操作

　　在时间轴的视频轨道中放置两个视频素材，并剪切掉前一个素材的后一部分，剪切掉后一个素材的前一部分，然后前后连接两个素材，如图 6-1 所示。

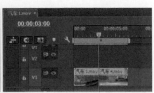

图 6-1　放置素材并剪切和连接

　　将时间移至两个素材连接处，按 Ctrl+D 组合键可以在两个素材之间添加默认的"交叉溶解"过渡效果，这个过渡效果的位置在效果面板中"视频过渡"的"溶解"组下面。可以看到这个"交叉溶解"前的小图标有一个黄色的边框，表明其为使用快捷键添加过渡时的默认项，如图 6-2 所示。

图 6-2　添加默认的过渡

> **提　示**
>
> 　　添加视频过渡的快捷键为 Ctrl+D 组合键，添加音频过渡的快捷键为 Ctrl+Shift+D 组合键，将在音频编辑章节中讲解。

　　"交叉溶解"是一种最基本和最常用的过渡方式，也称为"叠化"或"交叉淡化"，过渡效果如图 6-3 所示。

图 6-3　默认过渡的效果

如果使用其他过渡，可以用鼠标在效果面板中将需要的过渡拖至时间轴视频轨道中的素材剪辑点处，例如，这里将"渐隐为白色"过渡拖至两个素材之间，如图 6-4 所示。

图 6-4 添加"渐隐为白色"过渡效果

过渡效果如图 6-5 所示。

图 6-5 "渐隐为白色"过渡的效果

提 示

对于已存在过渡的剪辑点，将新的过渡拖至其上时将自动替换原来的过渡。

对于已添加的过渡，需要先在时间轴中单击过渡，使其处于高亮的选中状态，然后在效果控件面板中对其进行修改设置。例如，修改过渡的长度，即"持续时间"等，可以展开显示出效果控件面板右侧的时间轴视图，如图 6-6 所示。

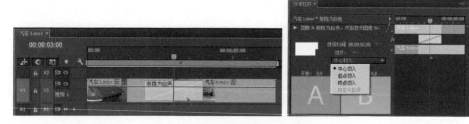

图 6-6 在效果控件面板中设置过渡

可以在两个素材之间添加过渡转换镜头，称为双面过渡。也可以在单独一个素材的一端添加过渡，称为单面过渡。可以将时间指示器移至单独素材片段的一端，按 Ctrl+D 组合键添加单面过渡，或者从效果面板中将过渡拖至单独素材片段的一端，添加单面过渡，如图 6-7 所示。

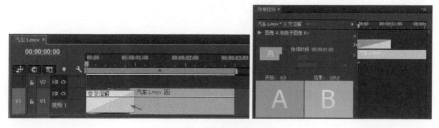

图 6-7 添加单面过渡

此时过渡的效果为从黑场淡入到画面中，这也是常用的一种过渡形式，如图 6-8 所示。

图 6-8 单面过渡的效果

选中某个素材，按 Ctrl+D 组合键，可以在其入点和出点同时添加默认过渡，这样添加了一个常见的淡入效果和淡出效果，如图 6-9 所示。

图 6-9 为选中的素材片段添加过渡

提 示

当不选中素材片段而用快捷键为素材片段添加过渡时，需要两个条件：一是素材所在轨道处于高亮的选中状态，二是时间指示器要位于添加过渡素材的一端。若选中某个素材添加过渡，则可以不考虑时间指示器所在的位置，以及素材所在轨道是否处于亮亮的选中状态。

每次添加过渡都会有一个默认的过渡时长，可以在首选项面板中进行预设。选择菜单命令"编辑"→"首选项"→"常规"，在首选项面板中将"视频过渡默认持续时间"设为需要的帧数，例如，这里的 50 帧，即 2 秒长度，如图 6-10 所示。

图 6-10 预设过渡的时长

6.2 过渡的重复帧

在两个素材之间添加 2 秒的"交叉溶解"过渡，即相当于两个轨道的素材在连接处各延伸出 1 秒长度，并为上面轨道中的素材片段添加 2 秒的"交叉溶解"过渡，如图 6-11 所示。

图 6-11 两种等效的过渡方式

　　因为以上两个片段的连接处经过剪辑，所以有多余的镜头可以延伸出来。如果在两个镜头连接处未经剪辑，在添加 2 秒的过渡时会无法各自延伸出 1 秒进行重叠，此时会弹出提示对话框，单击"确定"按钮，添加过渡，并在过渡区域有斜纹的显示。这里为了便于更清晰地观察效果，使用以下两个动作明显的素材，如图 6-12 所示。

图 6-12　过渡的重复帧提示

　　播放查看过渡效果时，会发现后一个素材（即左侧马的画面）在入点之前的重叠区域，是以静止的画面来作为延长的镜头的，如图 6-13 所示。

图 6-13　入点重复帧的静止画面

　　同样，前一个素材在出点之后的重叠区域，也以静止的画面作为延长的镜头，如图 6-14 所示。

图 6-14　出点重复帧的静止画面

　　对于一些要求严格的制作，要避免这种有停顿感的过渡镜头，就需要对两个素材连接的剪辑点进行剪辑，例如，各剪去 1 秒，或将其中的一个片段剪去 2 秒，这样在过渡重叠区域就有了至少 2 秒可延长的镜头。这里，将后一个素材的入点剪去至少 2 秒的长度，重新连接并添加 2 秒的过渡，此时过渡对齐方式自动变换为终点切入，以避免前一个素材出现重复帧，如图 6-15 所示。

图 6-15　对素材剪辑点进行剪辑避免出现重复帧

6.3　改变默认过渡

在日常的制作中，常会使用"交叉溶解"来为两个镜头添加缓和的过渡，或者使用"交叉溶解"在镜头前后添加缓和的淡入或淡出，按 Ctrl+D 组合键可快捷地实现添加。有时会遇到一组制作中要大量添加某种非"交叉溶解"的过渡，如"翻页"过渡，此时可以将"翻页"设为快捷方式的默认过渡，等完成制作以后再将快捷方式的默认过渡恢复为"交叉溶解"。

从素材面板将一组图片拖至项目面板下的"新建项"按钮上，建立序列时间轴，在打开的时间轴中，准备在各素材之间均添加"翻页"效果，可以采用从效果面板中重复向时间轴中拖动添加过渡的方法，也可以采用以下更快捷的方法。当前时间轴如图 6-16 所示。

图 6-16　时间轴中多个待添加过渡的片段

在效果面板中展开"视频过渡"，在"页面剥落"下选择要大量使用的"翻页"过渡，在其上右击，选择快捷菜单命令"将所选过渡设为默认过渡"，这时，过渡名称前的图标以黄色的线框显示，即使用快捷键时将以这个过渡作为默认添加的过渡，如图 6-17 所示。

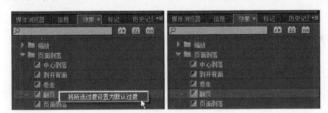

图 6-17　设置为默认过渡

在首选项面板中将"视频过渡默认持续时间"设为需要的帧数。在时间轴中确认放置素材的轨道处于高亮的选中状态，按键盘上的上、下方向键，可以在轨道素材中的各个剪辑点处前、后移动，即快速定位到片段之间的连接处。此时从第一个和第二个素材之间的位置开始，按 Ctrl+D 组合键并配合向下的方向键，可以快速为各片段之间添加"翻页"过渡，如图 6-18 所示。

图 6-18　使用快捷键添加过渡

> **提　示**
>
> 在制作完成之后，不要忘记将默认的过渡再设回原来的"交叉溶解"过渡。

6.4 复制和粘贴过渡

对于相同设置的过渡，还可以使用复制和粘贴的方法来进行快速的制作。例如，在时间轴中为前两个素材添加"翻页"过渡，并选中这个过渡，在效果控件面板中按实际需求进行设置，如图 6-19 所示。

图 6-19　添加一个过渡

选中这个设置好的过渡，按 Ctrl+C 组合键复制，确认视频素材的轨道处于高亮的选中状态，按向下的方向键将时间定位到第二个和第三个素材之间，然后按 Ctrl+V 组合键并配合向下的方向键，同样可以快速为各片段之间粘贴"翻页"过渡效果，如图 6-20 所示。

图 6-20　复制和粘贴过渡

6.5 向时间轴中自动匹配序列时添加过渡

如果需要将大量的图片素材放置到时间轴中并添加某种过渡，有另一种快捷的操作方法。将序列时间轴中的素材清空，并准备好一次性放置添加过渡的大量的图片素材。先在项目面板中单击"图标视图"按钮，显示各图片，并按放置到中间轴时需要的顺序，调换各图片的前后位置。选中这些图像，单击"自动匹配序列"按钮，如图 6-21 所示。

图 6-21　在项目面板中安排素材顺序

在弹出的"序列自动化"对话框中，设置"顺序"、"剪辑重叠"的帧数、"每个静止剪辑的帧数"以及确认勾选"应用默认视频过渡"复选框，单击"确认"按钮。这些图像将按项目面板中的顺序，以及"序列自动化"对话框中的设置，一次性被放置到时间轴中。可以看到，时间轴中各图片素材均为 3 秒的长度，之间均应用了默认的过渡，此处默认的过渡设为"翻页"，过渡均为 1 秒的长度，如图 6-22 所示。

图 6-22　向时间轴中自动匹配序列并同时添加过渡

6.6　实例：画中画过渡

过渡通常用于序列帧大小的素材画面，而为画中画添加过渡会有不一样的效果。这里对几组画中画添加不同类型的过渡，制作一组包装动画效果。实例效果如图 6-23 所示。

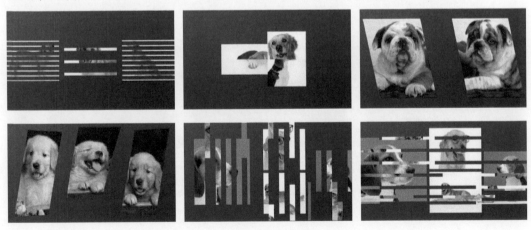

图 6-23　实例效果

1. 新建项目、序列和导入素材

（1）新建项目文件。

（2）将准备好的图片素材及音乐文件一同导入到项目面板中。其中图片素材如图 6-24 所示。

图 6-24　素材画面

（3）确认所导入图片素材的默认长度，这里为了方便后面
的制作，将每个图片素材的长度均设为 3 秒。在项目面板中先
选中所有图片素材，然后在其上右击，选择快捷菜单命令"速
度/持续时间"，在打开的对话框中，将"持续时间"设为 3 秒，
单击"确定"按钮，如图 6-25 所示。

图 6-25　调整图片素材的时长

> **提 示**
>
> 也可以在导入之前预设图像的默认长度，方法是：选择菜单命令"编辑"→"首选项"→
> "常规"，在首选项面板中预设"静止图像默认持续时间"选项。

2. 新建更改图像尺寸的序列

（1）在导入的图像素材中，为其中的两张图片建立两个单独的序列，并统一其尺寸以
方便下一步的制作。新建序列（按 Ctrl+N 组合键），在打开的"新建序列"对话框中，将
预设选择为 HDV 720p25，将序列的名称命名为"狗 07 统一尺寸"。

（2）将"狗 07.jpg"拖至时间轴中，在效果控件面板中调整其"缩放"，使其满屏显示，
如图 6-26 所示。

图 6-26　放置素材并调整大小

（3）同样，建立预设选择为 HDV 720p25 的"狗 08 统一尺寸"序列，将"狗 08.jpg"
拖至时间轴中，在效果控件面板中调整其"缩放"，使其满屏显示，如图 6-27 所示。

图 6-27　放置素材并调整大小

3.新建"画中画过渡"序列并摆放素材

（1）新建序列（按 Ctrl+N 组合键），在打开的"新建序列"对话框中，将预设选择为 HDV 720p25，将序列的名称命名为"画中画过渡"。

（2）在项目面板中单击"新建项"按钮，选择弹出菜单命令"黑场视频"，建立一个黑场视频，并将其拖至时间轴 V1 轨道中，长度设为 15 秒。

（3）在效果面板中展开"视频效果"，将"生成"下的"四色渐变"拖至 V1 轨道中的素材上，然后在效果控件面板中设置渐变的颜色，这里所设置的"颜色 1"为 RGB（107,107,107），"颜色 2"为 RGB（32,72,81），"颜色 3"为 RGB（22,45,53），"颜色 4"为 RGB（14,17,20），如图 6-28 所示。

（4）从项目面板中将"狗 01.jpg"、"狗 02.jpg"和"狗 03.jpg"拖至开始处的 V2、V3 和 V4 轨道中。为了方便下一步添加独立过渡操作，将出点均设为 2 秒 24 帧。然后在效果控件面板中分别调整"位置"和"缩放"，将三张图片在同一屏幕中排列显示。其在时间轴中的排列及效果如图 6-29 所示。

图 6-28 建立序列并建立渐变的背景

图 6-29 放置素材并设置大小和位置

在效果控件面板中的设置如图 6-30 所示。

图 6-30 素材的运动属性设置

（5）同样，"狗 04.jpg"、"狗 05.jpg"和"狗 06.jpg"对应拖至第 3 秒处的 V2、V3 和 V4 轨道中，将出点均设为 5 秒 24 帧。然后在效果控件面板中分别调整"位置"和"缩放"，将三张图片在同一屏幕中排列显示。其在时间轴中的排列及效果如图 6-31 所示。

图 6-31　放置素材并设置大小和位置

在效果控件面板中的设置如图 6-32 所示。

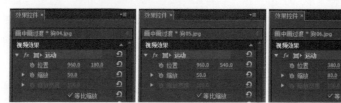

图 6-32　素材的运动属性设置

（6）将"狗07统一尺寸"拖至时间轴第 6 秒处的 V2 和 V3 轨道中，重复放置，将出点均设为 8 秒 24 帧。从效果面板中将"键控"下的"四点无用信号遮罩"拖至素材上，设置成显示局部的平行四边形的画中画效果。在效果控件面板中调整"缩放"，将两张图片在同一屏幕中排列显示。其在时间轴中的排列及效果如图 6-33 所示。

图 6-33　放置素材并添加效果调整局部显示的画面

在效果控件面板中 V3 轨道素材的设置如图 6-34 所示。

图 6-34　V3 轨道素材的缩放和效果设置

在效果控件面板中 V2 轨道素材的设置如图 6-35 所示。

（7）将"狗08统一尺寸"拖至时间轴第 9 秒处的 V2、V3 和 V4 轨道中，重复放置，将出点均设为 11 秒 24 帧。从效果面板中将"键控"下的"四点无用信号遮罩"拖至素材上，设置成显示局部的平行四边形的画中画效果。在效果控件面板中调整"缩放"，将三张图片在同一屏幕中排列显示。其在时间轴中的排列及效果如图 6-36 所示。

图 6-35　V2 轨道素材的缩放和效果设置

图 6-36　放置素材并添加效果调整局部显示的画面

在效果控件面板中 V4 轨道素材的设置如图 6-37 所示。

图 6-37　V4 轨道素材的缩放和效果设置

在效果控件面板中 V3 轨道素材的设置如图 6-38 所示。

图 6-38　V3 轨道素材的缩放和效果设置

在效果控件面板中 V2 轨道素材的设置如图 6-39 所示。

图 6-39　V2 轨道素材的缩放和效果设置

（8）再将"狗 09.jpg"、"狗 10.jpg"、"狗 11.jpg"和"狗 12.jpg"对应拖至第 12 秒处的 V2、V3、V4 和 V5 轨道中，出点均为 15 秒。然后在效果控件面板中分别调整"位置"和"缩放"，将 4 张图片在同一屏幕中排列显示。其在时间轴中的排列及效果如图 6-40 所示。

图 6-40　放置素材并设置大小和位置

在效果控件面板中的设置如图 6-41 所示。

图 6-41　素材的运动属性设置

4. 设置画中画过渡效果

（1）选择菜单命令"编辑"→"首选项"→"常规"，在首选项面板中，预设"视频过渡默认持续时间"选项为 25 帧，即 1 秒的长度，如图 6-42 所示。

图 6-42　默认过渡时长的预设

（2）在效果面板中展开"视频过渡"，将"擦除"下的"百叶窗"拖至时间轴开始处第一组三个图片素材的入点和出点位置，添加过渡效果。在效果控件面板中，单击"自定义"按钮，在打开的对话框中设置"带数量"，使其与中间图像的过渡效果有所区别，如图 6-43 所示。

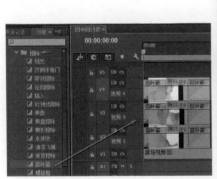

图 6-43　添加过渡并设置

过渡效果如图 6-44 所示。

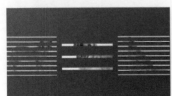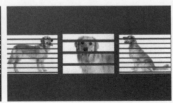

图 6-44　过渡的效果

> **提 示**
>
> 在之前放置素材时，将第一组图片素材的出点设为 2 秒 24 帧，与第 3 秒处的第二组图片素材间隔开，这样便于在这两组图片素材之间的时间位置添加单面过渡，而不至于将一个过渡添加到前后连接的两张图片上。另外，也可以配合使用 Ctrl 键将过渡拖至前后相连片段的一端，添加一个单面过渡，不过在操作中不太直观，而间隔开的过渡更直观和易操作。

（3）从效果面板中将"滑动"下的"中心合并"拖至时间轴第二组三个图片素材的入点和出点位置，添加过渡效果。选中入点处的"中心合并"过渡，在效果控件面板中，选中"反向"复选框，如图 6-45 所示。

图 6-45　添加过渡并设置

过渡效果如图 6-46 所示。

图 6-46　过渡的效果

（4）从效果面板中将"滑动"下的"推"拖至时间轴第三组两个图片素材的入点和出点位置，添加过渡效果。在效果控件面板中，通过调整过渡向左或向右的方向，制作画中画水平方向的聚合和分开的动画效果，如图 6-47 所示。

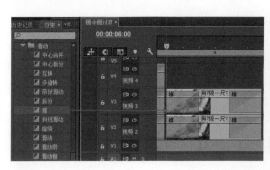

图 6-47　添加过渡并设置

过渡效果如图 6-48 所示。

图 6-48　过渡的效果

（5）从效果面板中将"3D 运动"下的"摆入"拖至时间轴第四组三个图片素材的入点和出点位置，添加过渡效果。其中，在效果控件面板中，通过调整过渡的方向或选中"反向"复选框，制作画中画的聚合和分开的动画效果，如图 6-49 所示。

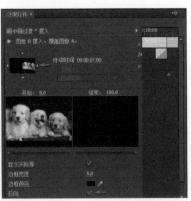

图 6-49　添加过渡并设置

过渡效果如图 6-50 所示。

图 6-50　过渡的效果

（6）从效果面板中将"滑动"下的"斜线滑动"拖至时间轴第五组四个图片素材的入点和出点位置，添加过渡效果。在效果控件面板中，通过调整过渡的方向或勾选"反向"复选框，制作画中画垂直方向聚合和水平方向分开的动画效果，如图 6-51 所示。

图 6-51　添加过渡并设置

过渡效果如图 6-52 所示。

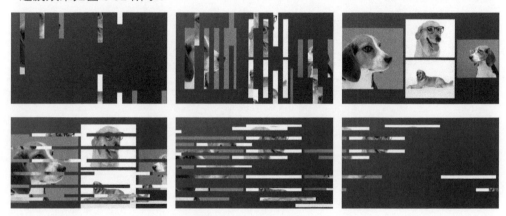

图 6-52　过渡的效果

（7）最后，添加音乐素材，完成实例的制作。

思考与练习

一、思考题

1. 在制作中是否有必要尽量添加各种不同的过渡？
2. 如何指定一个默认的过渡时长？
3. 是否需要重视过渡的重复帧？
4. 过渡是否可以使用复制 / 粘贴操作实现？

二、练习题

1. 制作一组翻页画面的过渡效果。
2. 一次性放置一组图像到时间轴中，不需要调整顺序，并自动添加默认过渡。

第 7 章

视 频 效 果

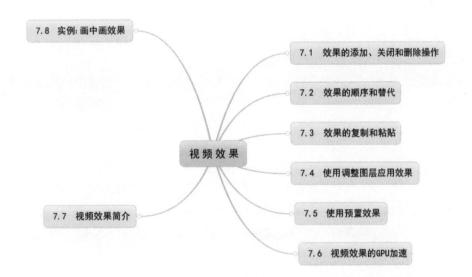

7.8 实例: 画中画效果

7.1 效果的添加、关闭和删除操作

7.2 效果的顺序和替代

7.3 效果的复制和粘贴

视 频 效 果

7.4 使用调整图层应用效果

7.7 视频效果简介

7.5 使用预置效果

7.6 视频效果的GPU加速

Premiere Pro 有多种视频效果，可添加到视频节目中，通过视频效果可以增添特别的视觉特性，或提供与众不同的功能属性。例如，通过视频效果可以改变素材曝光度或颜色、扭曲图像或增添艺术效果，还可以使用效果来旋转和动画化剪辑，或在帧内调整剪辑的大小和位置，通过设定的值可以控制效果的强度，还可以使用关键帧将大多数的效果制作成动态变化的效果。

7.1　效果的添加、关闭和删除操作

在效果面板中，可以展开效果组的素材箱来选择需要的效果，例如，展开"模糊与锐化"组素材箱，选择"快速模糊"，也可以通过在效果面板上部的搜索框中输入效果名称，如"快速模糊"，来找到效果。搜索时也可以输入效果名称的部分关键字，如"模糊"，显示与"模糊"相关的所有效果供选择。

选择菜单命令"窗口"→"效果"，打开效果面板，在"视频效果"下，有众多素材箱形式的效果组，用于分类放置 Premiere Pro CC 提供的效果。

添加效果的方法之一：从效果面板中将所选效果拖至时间轴的素材上，例如，在效果面板中展开"视频效果"，选择"风格化"下的"复制"拖至时间轴的素材上，为素材添加这个效果，如图 7-1 所示。

图 7-1　添加效果

添加效果的方法之二：先在时间轴选中素材，然后在效果面板中双击某个视频效果，可以将其添加到选中的素材上。

添加效果的方法之三：先在时间轴中选中素材，然后从效果面板中将所选效果拖至效果控件面板中，为素材添加效果。

在效果控件面板中，效果名称之前的 fx 为"切换效果开关"显示 fx 表示该效果已打开，再次单击将关闭该效果，这样这个效果将不再起作用，如图 7-2 所示。

对于添加的效果可以在效果控件面板中将其选中，按删除键将其删除掉，固定效果"运动"、"不透明度"和"时间重映射"不可删除，不过可以使用关闭"切换效果开关"的方式取消其作用。例如，删除所添加的效果，并关闭有变动的"运动"效果，如图 7-3 所示。

图 7-2　效果的切换开头

图 7-3　固定效果不可删除但可以关闭

　　在时间轴中选中多个视频素材时，在效果面板中双击视频效果可以将视频效果同时添加到所选中的多个素材上。也可以先在时间轴选中多个视频素材，然后从效果面板中将某个视频效果拖至其中一个视频素材上，该视频效果将会添加到所有选中的视频素材上，如图 7-4 所示。

图 7-4　同时为多个素材添加效果

　　在同一个素材上如果已经添加多个效果，在效果控件面板中，可以配合使用 Ctrl 键选中多个效果，按删除键一同删除。

7.2　效果的顺序和替代

　　Premiere Pro CC 中的视频效果分为标准效果和固定效果，除了"运动"、"不透明度"和"时间重映射"三个固定效果之外，其他从效果面板中添加的视频效果均称为标准效果。软件渲染计算时，会在应用于剪辑的所有标准效果之后渲染固定效果。标准效果会按照从上往下出现的顺序渲染，可以在效果控件面板中将标准效果拖到新的位置来更改它们的顺序。例如，这里为一段视频添加"风格化"下的"复制"效果之后，再添加"扭曲"下的"弯曲"效果，如图 7-5 所示。

图 7-5　添加多个效果

在效果控件面板中将"弯曲"向上拖至"复制"效果之上，这样按不同的顺序渲染会得到不同的视频效果，如图 7-6 所示。

图 7-6　改变效果的顺序会影响最终效果

不能重新排列固定视频效果的顺序，如果要更改固定效果的渲染顺序，可以使用"变换"效果代替"运动"效果，使用"Alpha 调整"效果代替"不透明度"效果，虽然这些效果不同于固定效果，但它们的属性相似。例如，可以关闭"运动"效果，为素材添加"扭曲"下的"变换"效果，其属性设置可以达到与"运动"相同的效果，如图 7-7 所示。

图 7-7　用"变换"效果代替"运动"效果

也可以为素材添加"键控"下的"Alpha 调整"效果，其下也具有"不透明度"属性，如图 7-8 所示。

图 7-8　用"Alpha 调整"效果代替"不透明度"效果

标准效果和固定效果，可以只使用其中的一个或共同起作用，通过这样的控制，为视频的效果设置提供了多种解决方案。例如，实现透视的文字效果。选择菜单命令"文件"→"新建"→"字幕"（快捷键为 Ctrl+T 组合键），在字幕窗口中选择文字工具输入"Pr CC"，并设置字体、大小和居中方式，如图 7-9 所示。

图 7-9 输入文字

从项目面板中将字幕拖至时间轴视频素材上方的轨道中，从效果面板中为其添加"透视"下的"基本 3D"效果，并设置透视效果，如图 7-10 所示。

图 7-10 添加"基本 3D"效果

此时，如果利用固定效果"运动"中的"旋转"属性来转动文字画面，会发生错误的透视现象，如图 7-11 所示。

图 7-11 旋转时错误的透视现象

解决方法是，恢复"运动"效果的更改，从效果面板将"扭曲"下的"变换"拖至素材的效果控件面板中，放置在"基本 3D"效果的上方，调整其"旋转"属性的变化，此时转动的文字就可以始终保持在一个正确的透视状态下，这里为其"旋转"设置从 0°到 720°的关键帧，如图 7-12 所示。

查看旋转的效果，如图 7-13 所示。

还可以配合使用"变换"和"运动"，将文字调整到画面的右下角，如图 7-14 所示。

查看旋转的效果，如图 7-15 所示。

图 7-12　使用代替的效果改变效果的序列

图 7-13　校正旋转时的透视效果

图 7-14　"变换"和"运动"配合使用

图 7-15　调整"运动"属性后的旋转效果

7.3　效果的复制和粘贴

在效果控件面板中，可以选中其中的一个或多个所添加的视频效果并复制，然后在选中本素材或其他素材的状态下粘贴效果。例如，选中素材中所添加的两个效果，按 Ctrl+C 组合键复制，然后再按 Ctrl+V 组合键粘贴到素材本身，如图 7-16 所示。

图 7-16　在素材自身复制和粘贴效果

也可以选中另一个素材或多个素材，按 Ctrl+V 组合键粘贴，对其应用相同设置的效果，如图 7-17 所示。

图 7-17　复制效果粘贴到其他素材上

可以有选择性地从一个素材中复制部分效果到其他素材上，也可以使用复制和粘贴素材属性的方式，将一个素材中的全部设置应用到其他素材上。例如，选中前一个素材，按 Ctrl+C 组合键复制，然后选中后一个或多个素材，在任一选中的素材上右击，选择快捷菜单命令"粘贴属性"，此时会弹出"粘贴属性"对话框，其中的选项默认为全部勾选的状态，如图 7-18 所示。

图 7-18　粘贴属性

单击"确定"按钮，即可将前一个素材的这些设置，应用到所选中的一个或多个素材上，适用于对多个素材进行相同的设置操作时使用。

7.4　使用调整图层应用效果

对于不同轨道中叠加的素材，有时为了统一效果，需要添加和设置相同的效果属性数值或关键帧，虽然可以使用复制和粘贴的方法，但不利于频繁修改调整，每次修改都需要重新对效果进行复制和粘贴。使用调整图层的功能，可以解决这个问题。例如，这里在三个视频轨道中放置三个素材，先从"变换"下添加"裁剪"效果，并设置三个画面位于合适的位置，如图 7-19 所示。

图 7-19　放置素材添加效果设置分屏效果

在项目面板中单击"新建项"按钮，选择弹出菜单命令"调整图层"，在弹出的"调整图层"对话框中设置新建调整图层的大小，这里使用当前序列的帧大小，单击"确定"按钮，建立一个调整图层。从项目面板中将其拖至时间轴轨道上面的空白处，自动添加视频轨道用于放置调整图层，将其长度延长与视频相一致。如图 7-20 所示。

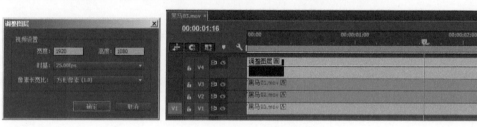

图 7-20　建立和放置调整图层

从效果面板中的"颜色校正"下将"三向颜色校正器"拖至时间轴的调整图层上，为其添加调色的效果。在效果控件面板中对调色效果进行简单的调整。此时，调整图层之下三个素材的画面同时被应用了调色效果，如图 7-21 所示。

图 7-21　调整全部素材画面颜色

在调整图层中所添加的效果对其所在视频轨道之下的所有视频轨道都会起作用，而其上面轨道的素材将不受影响。例如，这里将"黑马 01.mov"素材放至调整图层所在的轨道之上，则其颜色不再受到调色效果的影响，如图 7-22 所示。

图 7-22　调整部分轨道顺序

提　示

对于必须放置在下层轨道中的类似背景的视频素材，在对背景轨道上面的多轨道素材应用调整图层设置时，可以考虑使用嵌套序列的方法。

7.5　使用预置效果

要达到某些效果，可能会同时用到多个效果来同时进行调整设置。对于复杂的效果组合，设置调整需要花费一定的时间和精力。当需要继续使用这种效果时，可以采用复制和粘贴的办法。对于不同的项目文件，如果也想要使用这种效果组合，可以将效果组合转变为效果预设，保存到效果面板中，这样 Premiere Pro 任意的项目文件，都可以使用这种效果预设。例如，将之前制作好的透视中旋转的效果组合保存为效果预设，在效果控件面板中配合使用 Ctrl 键，选中"变换"和"基本 3D"效果，在其上右击，选择快捷菜单命令"保存预设"，打开"保存预设"对话框，在"名称"框中输入自定义的名称，这里命名为"透视旋转预设"，单击"确定"按钮，如图 7-23 所示。

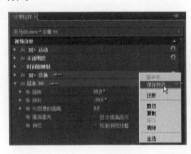

图 7-23　保存预设

这样，在效果面板中的"预设"下，将出现一个新的预设，名为"透视旋转预设"，可以将其添加到其他素材上进行应用。例如，将其拖至另一个字幕之上，可以得到调整好属性数值的效果组合，包括其中的关键帧设置，如图 7-24 所示。

图 7-24　使用新的预设

提 示

如果保存的预设较多，可以在效果面板中建立新的自定义的素材箱，分类放置这些预设，方便管理。

7.6 视频效果的 GPU 加速

Premiere Pro CC 中有些效果可以充分利用经过认证的图形卡的处理能力来加速渲染。这种使用 CUDA 技术的效果加速方式是 Premiere Pro CC 中的高性能 Mercury Playback Engine 的功能之一。经过认证的可在 Premiere Pro 中提供 CUDA 效果加速的图形卡列表，请参阅 Adobe 网站。

提 示

在安装的 Premiere Pro CC 程序文件夹下的 cuda_supported_cards.txt 文件中提供有所支持的显卡及型号的列表。

启用或禁用 GPU 效果加速的方法是：选择菜单命令"项目"→"项目设置"→"常规"，在"视频渲染和回放"下选择适当的渲染程序："Mercury Playback Engine GPU 加速（CUDA）"或"仅 Mercury Playback Engine 软件"。

在效果面板中的效果右侧，显示有"加速效果"的标记，表示具有这个标记的效果，可以提供 CUDA 效果加速的功能。在选择了"Mercury Playback Engine GPU 加速（CUDA）"渲染程序之后，这些效果将得到有效提速，如图 7-25 所示。

图 7-25 加速效果

提 示

仅当安装支持的显卡后，加速效果才能有加速功能。如果未安装支持的显卡，"加速效果"过滤器按钮仍然可用，而"加速效果"标记显示为禁用状态，表示无法使用加速功能。在效果面板中，除了"加速效果"标记外，还有"32 位颜色"和"YUV 效果"标记，用来区分效果具有的特性。单击与标记对应的按钮，可以过滤显示同一特性的效果。

单击效果面板上部的"加速效果"按钮，可以将效果面板中可用的加速效果全部显示出来，如图 7-26 所示。

同样，视频过渡中也有部分可以加速的过渡效果，如图 7-27 所示。

图 7-26 全部显示加速效果

图 7-27 加速的过渡效果

Premiere Pro 会使用彩色渲染栏来标记序列的未渲染部分。显示在序列时间标尺中的红色渲染栏表示有未渲染部分，必须在进行渲染之后才可实时地、以完全帧速率进行回放；黄色渲染栏表示虽然有未渲染部分，但无须进行渲染即可实时地以全帧速率进行回放；绿色渲染栏表示已经渲染其关联预览文件的部分。

> **提 示**
>
> 如果有导出到磁带中的操作，无论红色或黄色渲染栏下的部分预览质量如何，都应该在将这些部分导出到磁带中之前对其进行渲染。

这里通过渲染栏的颜色来直观地比较 CUDA 效果加速的功能。在时间轴中放置素材，如图 7-28 所示。

图 7-28 放置素材

为素材添加具有"加速效果"标记的效果，如效果面板中第一个"垂直翻转"效果，此时因为选择的渲染程序为"仅 Mercury Playback Engine 软件"，所以渲染栏的颜色显示为不能实时预览的红色，如图 7-29 所示。

选择菜单命令"项目"→"项目设置"→"常规"，在"视频渲染和回放"下，选择渲染程序为"Mercury Playback Engine GPU 加速（CUDA）"，弹出提示，删除旧的预览缓存，此时渲染栏的颜色显示为可以实时预览的黄色，如图 7-30 所示。

图 7-29 "垂直翻转"效果

图 7-30 选择渲染程序

7.7 视频效果简介

1. 变换组

垂直定格效果（仅限 Windows）：向上滚动剪辑，此效果类似于在电视机上调整垂直定格。关键帧无法应用于此效果。

垂直翻转效果：使剪辑从上到下翻转。关键帧无法应用于此效果。

摄像机视图效果（仅限 Windows）：模拟摄像机从不同角度查看剪辑，从而使剪辑扭曲。通过控制摄像机的位置，可扭曲剪辑的形状。

水平定格效果（仅限 Windows）：向左或向右倾斜帧，此效果类似于电视机上的水平定格设置，拖动滑块可控制剪辑的倾斜度。

水平翻转效果：将剪辑中的每帧从左到右反转，然而，剪辑仍然正向播放。

羽化边缘效果：可用于在所有的 4 个边上创建柔和的黑边框，从而在剪辑中让视频出现羽化边缘。通过输入"数量"值可以控制边框宽度。

裁剪效果：从剪辑的边缘修剪像素。上、下、左、右属性用于指定要修剪图像的百分比。

2. 实用程序组

Cineon 转换器效果：提供针对 Cineon 帧的颜色转换的高度控制。要使用 Cineon 转换器效果，需要导入 Cineon 文件并将剪辑添加到序列中。随后，可以将 Cineon 转换器效果应用于剪辑，并精确调整颜色，同时在节目监视器面板中交互式查看结果。可设置关键帧来调整色调随时间推移的变化：使用关键帧插值和缓动手柄可以精确匹配最不规则的光照变化，或使文件处于默认状态并使用转换器。使用每个像素的每个 Cineon 通道中的 10 个数据位，可以更轻松地增强重要的色调范围，同时保持总体色调平衡。通过谨慎指定范围，可以创建忠实反映原始图像的图像版本。

3．扭曲组

Warp Stabilizer：变形稳定器效果，可以自动对拍摄中产生抖动的素材进行稳定修复。

位移效果：在剪辑内移动图像。脱离图像一侧的视觉信息会在对面出现。

变换效果：将二维几何变换应用于剪辑。如果要在渲染其他标准效果之前渲染剪辑锚点、位置、缩放或不透明度设置，则应用变换效果，而不要使用剪辑固定效果。"锚点"、"位置"、"旋转"、"缩放"以及"不透明度"属性的功能非常类似于固定效果。

弯曲效果（仅限 Windows）：产生在剪辑中横向和纵向均可移动的波形外观，从而扭曲剪辑，可以产生各种大小和速率的大量不同波形。

放大效果：扩大图像的整体或一部分。此效果的作用类似于在图像某区域放置放大镜，也可将其用于在保持分辨率的情况下使整个图像放大远远超出 100%。

旋转效果：通过围绕剪辑中心旋转剪辑来扭曲图像。图像在中心的扭曲程度大于边缘的扭曲程度，在极端设置下会造成旋涡结果。

波形变形效果：产生在图像中移动的波形外观。可以产生各种不同的波形形状，包括正方形、圆形和正弦波。波形变形效果横跨整个时间范围以恒定速度自动动画化（没有关键帧）。要改变速度，需要设置关键帧。

球面化效果：通过将图像区域包裹到球面上来扭曲图层。

紊乱置换效果：使用不规则杂色在图像中创建紊乱扭曲。例如，将其用于创建流水、哈哈镜和飞舞的旗帜。

边角定位效果：通过更改每个角的位置来扭曲图像。使用此效果可拉伸、收缩、倾斜或扭曲图像，或用于模拟沿剪辑边缘旋转的透视或运动（如开门）。在效果控件面板中单击"边角定位"，可以在节目监视器面板中直接操控边角定位效果属性，拖动 4 个角可以调整这些属性。

镜像效果：沿一条线拆分图像，然后将一侧反射到另一侧。

镜头扭曲效果（仅限 Windows）：模拟透过扭曲镜头查看剪辑。

4．时间组

抽帧时间效果：将剪辑锁定为特定的帧速率。抽帧时间效果作为一种特殊效果，有微妙用途，例如，一段每秒 60 帧的视频素材可锁定到每秒 24 帧（然后以每秒 60 帧的速度进行渲染）以提供类似胶片的外观。

残影效果：合并来自剪辑不同时间的帧。残影效果有各种用途，包括从简单的视觉残影到条纹和污迹效果。仅当剪辑包含运动时，此效果才会显示。在默认情况下，应用残影效果时，任何事先应用的效果都将被忽略。

5．杂色与颗粒组

中间值效果：将每个像素替换为另一个像素，此像素具有指定半径的邻近像素的中间颜色值。当"半径"值较低时，此效果可用于减少某些类型的杂色；当"半径"值较高时，此效果为图像提供绘画风格的外观。

杂色效果：随机更改整个图像中的像素值。

杂色 Alpha 效果：将杂色添加到 Alpha 通道中。

杂色 HLS 效果：在使用静止或移动源素材的剪辑中生成静态杂色。

杂色 HLS 自动效果：自动创建动画化的杂色。杂色 HLS 效果与杂色 HLS 自动效果两种效果都提供各种类型的杂色，这些类型的杂色可添加到剪辑的色相、饱和度或亮度中。除用于确定杂色动画的最后一个控件外，这两种效果的控件是相同的。

蒙尘与划痕效果：将位于指定半径之内的不同像素更改为更类似的邻近像素，从而减少杂色和瑕疵。为了实现图像锐度与隐藏瑕疵之间的平衡，应尝试不同组合的半径和阈值设置。

6. 模糊与锐化组

复合模糊效果：根据控制剪辑（也称为模糊图层或模糊图）的明亮度值使像素变模糊。在默认情况下，模糊图层中的亮值对应于效果剪辑的较多模糊，暗值对应于较少模糊，对亮值选择"反转模糊"可对应于较少模糊。此效果可用于模拟涂抹和指纹。此外，还可以模拟由烟或热气所引起的可见性变化，特别是可用于动画模糊图层。

快速模糊效果：接近于高斯模糊效果，但是快速模糊效果能使大型区域快速变模糊。

方向模糊效果：为剪辑提供运动幻影。

消除锯齿效果（仅限 Windows）：在高对比度颜色区域之间混合边缘。混合后，颜色形成中间阴影，使得暗区和亮区之间的过渡看起来更加具有渐变的效果。

相机模糊效果（仅限 Windows）：模拟离开摄像机焦点范围的图像，使剪辑变模糊。例如，通过为模糊设置关键帧，可以模拟主体进入或离开焦点或模拟摄像机遭到意外撞击时的效果。拖动滑块可为选定关键帧指定模糊量，较高的值会增强模糊。

通道模糊效果：使剪辑的红色、绿色、蓝色或 Alpha 通道各自变模糊。可以指定模糊是水平、垂直还是两者。"重复边缘像素"选项使超出剪辑边缘的像素变模糊，就好像它们与边缘像素有同样的值。此效果保持边缘锐利，防止边缘变暗和变得更透明。取消选择此选项可使模糊算法的作用类似于超出剪辑边缘的像素值为零时的作用。

重影效果（仅限 Windows）：在当前帧上叠加前面紧接的帧的透明度。此效果可能非常有用，例如，如果要显示移动物体（如弹力球）的运动路径，就可以使用此效果。关键帧无法应用于此效果。

锐化效果：增加颜色变化位置的对比度。

非锐化遮罩效果：增加定义边缘的颜色之间的对比度。

高斯模糊效果：可模糊和柔化图像并消除杂色。可以指定模糊是水平、垂直还是两者皆有。

7. 生成组

书写效果：可动画化剪辑上的描边。例如，可以模拟草体文字或签名的手写动作。

单元格图案效果：生成基于单元格杂色的单元格图案。使用此效果可创建静态或移动的背景纹理和图案。图案可依次用作纹理遮罩、过渡映射或置换映射源。

吸管填充效果：将采样的颜色应用于源剪辑。此效果可用于从原始剪辑上的采样点快速挑选纯色，或从一个剪辑挑选颜色值，然后使用混合模式将此颜色应用于第二个剪辑。

四色渐变效果：可产生四色渐变。通过 4 个效果点、位置和颜色（可使用"位置和颜色"控件予以动画化）来定义渐变。渐变包括混合在一起的 4 个纯色环，每个环都有一个效果点作为其中心。

圆形效果：创建可自定义的实心圆或环。

棋盘效果：创建由矩形组成的棋盘图案，其中一半是透明的。

椭圆效果：绘制椭圆。

油漆桶效果：使用纯色来填充区域的非破坏性油漆效果。其原理非常类似于 Adobe

Photoshop 中的"油漆桶"工具，用于给漫画类型轮廓图着色，或用于替换图像中的颜色区域。

渐变效果：创建颜色渐变。可以创建线性渐变或径向渐变，并随时间推移而改变渐变位置和颜色。使用"渐变起点"和"渐变终点"属性可指定起始和结束位置。使用"渐变扩散"控件可使渐变颜色分散并消除色带。

网格效果：创建可自定义的网格。可在颜色遮罩中渲染此网格，或在源剪辑的 Alpha 通道中将此网格渲染为蒙版。此效果有利于生成可应用其他效果的设计元素和遮罩。

镜头光晕效果：模拟将强光投射到摄像机镜头中时产生的折射。

闪电效果：在剪辑的两个指定点之间创建闪电、雅各布天梯和其他电化视觉效果。闪电效果在剪辑的时间范围内自动动画化，无须使用关键帧。

8．视频组

剪辑名称：将文件名称、序列名称或项目名称显示到视频素材的画面上，进行标注。

时间码效果：在视频上叠加时间码显示，可简化场景的精确定位以及与团队成员及客户之间的合作。时间码显示指明剪辑是逐行的还是隔行扫描的。如果剪辑是隔行扫描视频，则该符号将指明帧是高场还是低场。时间码效果中的设置可控制显示位置、大小和不透明度以及格式和源选项。

9．过渡组

过渡效果可用于为添加的控件代替过渡。为了获得过渡效果的外观，在不同视频轨道中重叠剪辑。设置"动画完成"参数可使效果渐变为过渡效果。过渡组下有块溶解、径向擦除、百叶窗、线性擦除几个效果。

10．透视组

基本 3D 效果：在 3D 空间中操控剪辑。可以围绕水平和垂直轴旋转图像，以及朝靠近或远离的方向移动它。采用基本 3D 效果，还可以创建镜面高光来表现由旋转表面反射的光感。镜面高光的光源总是在观看者的上方、后方或左侧。由于光来自上方，因此必须向后倾斜图像以便看见此反射。镜面高光可以增强 3D 外观的真实感。

投影效果：添加出现在剪辑后面的阴影。投影的形状取决于剪辑的 Alpha 通道。在将投影效果添加到剪辑中时，剪辑后面将会出现剪辑 Alpha 通道的柔和边缘轮廓，犹如阴影投射在背景或底层对象上。与大多数的其他效果不同，投影可以在剪辑的范围（剪辑源的尺寸）之外创建阴影。

放射阴影效果：在应用此效果的剪辑上创建来自点光源的阴影，而不是来自无限光源的阴影（如同投影效果）。此阴影是从源剪辑的 Alpha 通道投射的，因此在光透过半透明区域时，该剪辑的颜色可影响阴影的颜色。

斜角边效果：为图像边缘提供凿刻和光亮的 3D 外观。边缘位置取决于源图像的 Alpha 通道。与斜面 Alpha 效果不同，在斜角边效果中创建的边缘始终为矩形，因此具有非矩形 Alpha 通道的图像无法形成适当的外观。所有边缘具有同样的厚度。

斜面 Alpha 效果：将斜缘和光添加到图像的 Alpha 边缘，通常可为 2D 元素呈现 3D 外观。如果剪辑没有 Alpha 通道，或剪辑是完全不透明的，则此效果将应用于剪辑的边缘。此效果所创建的边缘比斜角边效果创建的边缘柔和。此效果适用于包含 Alpha 通道的文本。

11．通道组

反转效果：反转图像的颜色信息。

复合运算效果：以数学方式合并应用此效果的剪辑和控制图层。复合运算效果的作用仅仅是提供兼容性，用于兼容在 After Effects 早期版本中创建的使用复合运算效果的项目。

混合效果：使用 5 个模式之一混合两个剪辑。使用此效果混合剪辑之后，应禁用从"与图层混合"菜单中选择的剪辑。

算术效果：对图像的红色、绿色和蓝色通道执行各种简单的数学运算。

纯色合成效果：在原始源剪辑后面快速创建纯色合成。可以控制源剪辑的不透明度，控制纯色的不透明度，并在效果控件内全部应用混合模式。

计算效果：将一个剪辑的通道与另一个剪辑的通道相结合。

设置遮罩效果：将剪辑的 Alpha 通道（遮罩）替换成另一个视频轨道的剪辑中的通道，这将会创建移动遮罩结果。

12．风格化组

Alpha 发光效果：在蒙版 Alpha 通道的边缘周围添加颜色。可以让单一颜色在远离边缘时淡出或变成另一种颜色。

复制效果：将屏幕分成多个平铺并在每个平铺中显示整个图像。可通过拖动滑块来设置每列和每行的平铺数。

彩色浮雕效果：与浮雕效果的原理相似，但不抑制图像的原始颜色。

曝光过度效果：可创建负像和正像之间的混合，导致图像看起来有光晕。此效果类似于印相在显影过程中短暂曝光。

查找边缘效果：识别有明显过渡的图像区域并突出边缘。边缘可在白色背景上显示为暗线，或在黑色背景上显示为彩色线。应用查找边缘效果，图像通常看起来像草图或原图的底片。

浮雕效果：可锐化图像中的对象的边缘并抑制颜色。此效果从指定的角度使边缘产生高光。

画笔描边效果：向图像应用粗糙的绘画外观。也可以使用此效果实现点彩画样式，方法是将画笔描边的长度设置为 0 并且增加描边浓度。即使指定描边的方向，描边也会通过少量随机散布的方式产生更自然的结果。此效果可改变 Alpha 通道以及颜色通道；如果已经蒙住图像的一部分，画笔描边将在蒙版边缘上方绘制。

粗糙边缘效果：通过使用计算方法使剪辑 Alpha 通道的边缘变粗糙。此效果为栅格化文字或图形提供自然粗糙的外观，犹如受过浸蚀的金属或打字机打出的文字。

纹理化效果：为剪辑提供其他剪辑的纹理的外观。例如，可以使树的图像显示为好像它有砖块纹理，并且可以控制纹理深度以及明显光源。

阈值效果：将灰度图像或彩色图像转换成高对比度的黑白图像。指定明亮级别作为阈值；所有与阈值亮度相同或比阈值亮度更高的像素将转换为白色，而所有比起更暗的像素则转换为黑色。

闪光灯效果：对剪辑执行算术运算，或使剪辑定期或随机间隔性透明。例如，每隔 5 秒，剪辑可变为完全透明，或者剪辑的颜色能够以随机间隔反转。

马赛克效果：使用纯色矩形填充剪辑，使原始图像像素化。此效果可用于模拟低分辨率显示以及用于遮蔽面部。也可以针对过渡来动画化此效果。

13．其他效果组

此外，图像控制、调整、颜色校正组将在第 11 章中介绍，键控组将在第 12 章中介绍。

提 示

　　在效果面板中，单击"创建新自定义素材箱"按钮，或从效果面板菜单中选择"新建自定义素材箱"，将显示新的自定义素材箱，可以为其重命名。将常用效果拖到自定义素材箱中，自定义素材箱中将会列出效果的副本。利用自定义素材箱可以创建自定义分类的效果组，放置自己常用的效果。

7.8 实例：画中画效果

　　画中画是一种常用和基础的视频效果，这里制作一组画中画的包装效果，制作一个大的画中画和一行小的画中画，其中小的画中画使用了不同的效果来重复显示视频的画面。实例效果如图 7-31 所示。

图 7-31　实例效果

1. 新建项目和导入素材

　　（1）新建项目文件。

　　（2）将准备好的"背景 .mov"、"汽车 1.mov"、"汽车 2.mov"、"汽车 3.mov"、"条形 .png"、"移动条 .mov"以及音乐文件一同导入到项目面板中。其中图片素材如图 7-32 所示。

图 7-32　素材画面

2. 建立"素材"序列

　　（1）新建序列（Ctrl+N 组合键），在打开的"新建序列"对话框中，将预设选择为 HDV 720p25，将序列的名称命名为"素材"。

　　（2）在项目面板中单击"新建项"按钮，选择弹出菜单命令"黑场视频"，建立一个黑场视频，并将其拖至时间轴 V1 轨道中，长度设为 10 秒。

　　（3）在效果面板中展开"视频效果"，将"生成"下的"渐变"拖至 V1 轨道中的素材上。然后在效果控件面板中设置"渐变"的位置点和颜色，其中起始颜色为白色，"结束颜色"为 RGB（174，163，139），如图 7-33 所示。

　　（4）从项目面板中将三个汽车视频素材拖至时间轴的 V2 轨道中，适当剪辑，总长度与 V1 轨道一致。在效果控件面板中，将三个汽车视频片段的"缩放"均设为 90，如图 7-34 所示。

图 7-33 设置渐变效果

图 7-34 放置素材并设置大小

（5）在效果面板中，将"透视"下的"斜角边"拖至 V1 轨道的"黑场视频"上，设置"边缘厚度"，如图 7-35 所示。

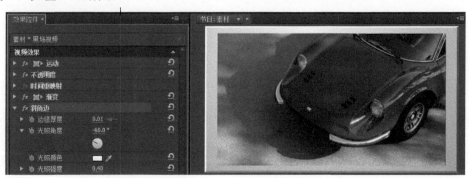

图 7-35 添加"斜角边"效果

（6）在效果面板中将"透视"下的"斜面 Alpha"拖至 V2 轨道的汽车视频片段上，设置"边缘厚度"和"光照角度"，三个汽车视频片段的设置均相同，如图 7-36 所示。

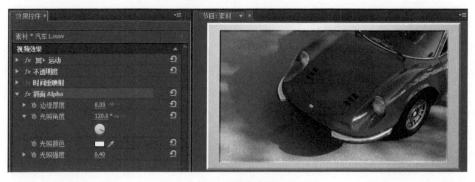

图 7-36 添加"斜面 Alpha"效果

（7）从项目面板中将"黑场视频"拖至时间轴的 V4 轨道中，长度设为 10 秒。从效果面板中将"生成"下的"渐变"拖至 V4 轨道的"黑场视频"上，设置"起始颜色"为白色，"结束颜色"为 RGB（186，186，186）。

（8）从效果面板中将"扭曲"下的"边角定位"拖至 V4 轨道的"黑场视频"上，设置定位点水平方向的偏移，如图 7-37 所示。

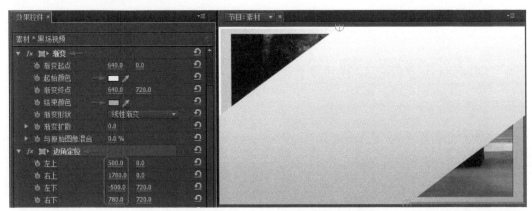

图 7-37　放置"黑场视频"并设置效果

（9）将 V4 轨道中"黑场视频"的"混合模式"设为"相除"。

（10）从效果面板中将"扭曲"下的"位移"拖至 V4 轨道的"黑场视频"上，设置"将中心移位至"水平方向的位移关键帧，其中第 9 秒 24 帧处为（2000，360），如图 7-38 所示。

图 7-38　设置叠加和移动效果

3．建立"画中画"序列

（1）新建序列（Ctrl+N 组合键），在打开的"新建序列"对话框中，将预设选择为 HDV 720p25，将序列的名称命名为"画中画"。

（2）在项目面板中将"背景 .mov"、"条形 .png"和"素材"拖至时间轴的 V1～V3 轨道中，长度均为 10 秒，如图 7-39 所示。

（3）从效果面板中将"风格化"下的"复制"拖至 V3 轨道的"素材"上，设置画面的"计数"，如图 7-40 所示。

（4）从效果面板中将"生成"下的"网格"拖至 V3 轨道的"素材"上，设置"锚点"、"边角"、"边框"和"混合模式"，为复制产生的小画面添加边框，如图 7-41 所示。

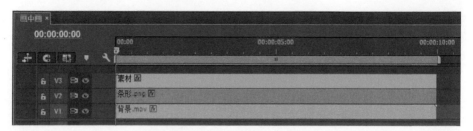

图 7-39　新建序列并放置素材

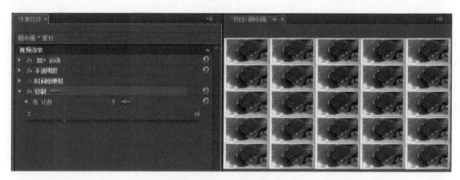

图 7-40　添加"复制"效果

图 7-41　添加"网格"效果

（5）从效果面板中将"变换"下的"裁剪"拖至 V3 轨道的"素材"上，设置"顶部"的修剪比率，只保留最下一行的图像，如图 7-42 所示。

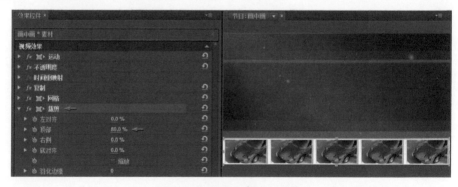

图 7-42　添加"裁剪"效果

（6）从效果面板中将"扭曲"下的"位移"拖至 V3 轨道的"素材"上，设置"将中心移位至"

的关键帧, 其中第 9 秒 24 帧处为 (0, 340), 如图 7-43 所示。

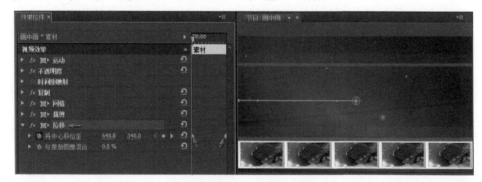

图 7-43 添加 "位移" 效果

(7) 从项目面板中将 "素材" 再次拖至时间轴的 V4 轨道中, 与其下面轨道的素材对齐。从效果面板中将 "透视" 下的 "基本 3D" 拖至 V4 轨道的 "素材" 上, 设置 "缩放"。在第 0 帧处, 设置 "位置" 关键帧、"基本 3D" 下的 "旋转" 关键帧和 "与图像的距离" 关键帧, 此时将画中画移至屏幕的右侧画面之外, 如图 7-44 所示。

图 7-44 放置素材并添加效果

(8) 将时间移至第 1 秒处, 设置 "位置" 关键帧、"基本 3D" 下的 "旋转" 关键帧和 "与图像的距离" 关键帧, 此时画中画旋转着移入屏幕中部, 如图 7-45 所示。

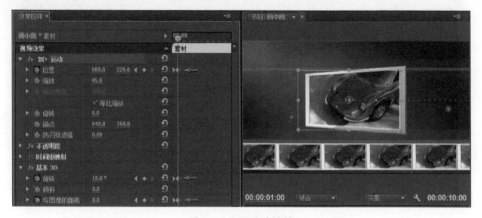

图 7-45 设置关键帧

（9）将时间移至第 9 秒 24 帧处，设置"位置"关键帧和"基本 3D"下的"旋转"关键帧，此时画中画为缓慢旋转和向左移动的动画，如图 7-46 所示。

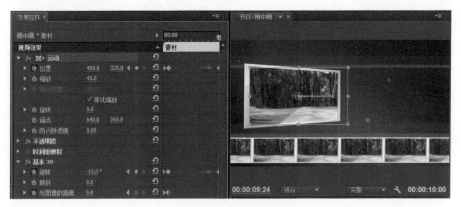

图 7-46　设置关键帧

（10）从项目面板中将"移动条 .mov"拖至时间轴顶部，将音乐素材拖至 A1 轨道中，长度均为 10 秒，如图 7-47 所示。

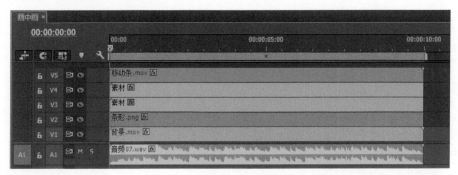

图 7-47　放置素材

（11）设置顶部的"移动条 .mov"的"混合模式"和"不透明度"，如图 7-48 所示。

图 7-48　设置叠加方式

思考与练习

一、思考题

1. 运动效果可以用哪个效果来代替？在什么情况下有必要代替？

2．在一个片段上完成了运动关键帧和效果的设置，另外几个片段也需要进行相同的制作，怎么操作最合理？

3．调整图层有什么作用？调整图层影响了背景的效果该怎么解决？

4．拍摄的画面不稳，使用哪个效果有修复的可能？

二、练习题

1．测试改变效果顺序得到不同结果的制作效果。

2．测试正在使用的 Premiere Pro CC 能否使用 GPU 加速渲染程序。

3．使用效果在单色遮罩上制作渐变背景，然后保存为效果预设。

4．了解 Premiere Pro CC 有哪些效果组及其中的效果。

第 8 章

嵌套、导出和管理

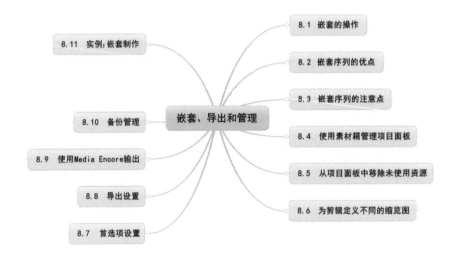

8.11 实例：嵌套制作

8.10 备份管理

8.9 使用Media Encore输出

8.8 导出设置

8.7 首选项设置

嵌套、导出和管理

8.1 嵌套的操作

8.2 嵌套序列的优点

8.3 嵌套序列的注意点

8.4 使用素材箱管理项目面板

8.5 从项目面板中移除未使用资源

8.6 为剪辑定义不同的缩览图

Premiere Pro 的剪辑制作都是在序列时间轴中完成，在一个项目中可以存在一个或多个序列，各个序列的预设也可以不相同，序列之间可以存在嵌套的关系。在项目中使用多个序列，对于嵌套制作、分类导出预设以及将复杂制作化整为零，都有很大帮助。本章将介绍项目中序列的嵌套制作、对制作结果的导出设置，以及整个项目中素材、序列的管理操作。

8.1 嵌套的操作

1. 在一个序列中嵌套另一个序列

当在 Premiere Pro 的项目中建立多个序列时，可以将一个序列视作一个素材，拖至另一个序列的时间轴中。例如，将序列 A 放在序列 B 的时间轴中，将序列 B 放在序列 C 的时间轴中。A、B、C 这三个序列的预设允许各不相同，包括可以使用不同的时基、帧大小和像素比。嵌套序列如图 8-1 所示。

图 8-1　嵌套序列

可以对序列进行任意深度的嵌套操作，以创建复杂的分组和层次。嵌套序列将显示为单一的链接视频 / 音频片段，可以选择、移动、修剪嵌套序列以及对其应用效果，就像对任何其他素材片段所做的那样。对源序列所做的任何更改将都反映在从该序列创建而来的任意嵌套序列中。

另外，在导入含有音频的素材时，Premiere Pro 需要花费部分时间渲染音频，而在编辑嵌套序列时则无须渲染音频。

2. 从选定剪辑创建嵌套序列

在序列中选择要发送到嵌套序列的一个或多个剪辑，然后选择菜单命令"剪辑"→"嵌套"（或者使用右键快捷菜单命令"嵌套"），Premiere Pro 会从该序列中剪切选定的剪辑，并将选定剪辑发送到新的序列中，然后从第一个选定剪辑开始将新序列嵌套在原始序列中。例如，在时间轴中选中多个剪辑，右击选择快捷菜单命令"嵌套"，如图 8-2 所示。

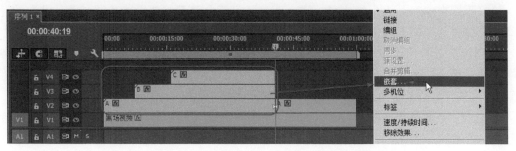

图 8-2　在时间轴中选择轨道中的素材准备转换为嵌套序列

此时会弹出"嵌套序列名称"对话框，输入名称后单击"确定"按钮，原来选中的多个剪辑将以一个序列代替，如图 8-3 所示。

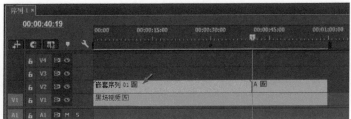

图 8-3　嵌套后以一个序列代替原来的素材

3．打开嵌套序列的源

双击嵌套序列剪辑，嵌套序列的源即会成为活动序列。例如，双击图 8-3 时间轴中的"嵌套序列 01"，会打开源序列的时间轴，如图 8-4 所示。

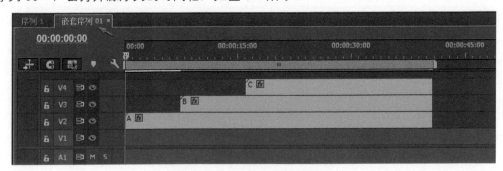

图 8-4　打开源序列的时间轴

8.2　嵌套序列的优点

嵌套序列的操作为制作带来很多便利性，有以下众多的优点。

① 重复使用序列。如果要重复使用某个序列（尤其是复杂序列），则可以创建一次该序列，然后只需将其嵌套到另一个序列中即可。

② 将不同设置应用于序列的副本。例如，如果想要反复回放某个序列，但每次使用不同的效果，只需对嵌套序列的每个实例应用不同的效果即可。

③ 简化编辑空间。分别创建复杂的多图层序列，然后将它们作为单个剪辑添加到主序列中。这样不用在主序列中保留大量轨道，而且还可能会降低编辑期间剪辑被意外移动的可能性（以及失去同步的可能性）。

④ 创建复杂的分组和嵌套效果。例如，尽管只能对一个编辑点应用一个过渡，但可以嵌套序列并对每个嵌套剪辑应用一个新的过渡，即在过渡内创建过渡。或者，可以创建画中画效果，即每张图片都是一个嵌套序列，各自包含一系列剪辑、过渡和效果。

⑤ 可以为所制作节目的最终结果导出为不同尺寸等需求，建立不同预设的序列，明确和方便输出设置。

8.3 嵌套序列的注意点

嵌套序列时，需要注意以下几点。

① 不能将一个序列嵌套在其自己内部。例如，存在嵌套关系的 A、B、C 这三个序列，A 嵌套在 B 中，B 嵌套在 C 中，这时 B 和 C 均不能再次嵌套到 A 中。上下级关系不可逆向。

② 嵌套序列不得包含 16 声道音轨。

③ 涉及嵌套序列的动作可能需要更多的处理时间，因为嵌套序列可包含对许多剪辑的引用，而且 Premiere Pro 将对它的所有组件剪辑应用这些动作。

④ 嵌套序列始终表示其源的当前状态。对源序列内容的更改将反映在嵌套实例的内容之中。持续时间不会受到直接影响。

⑤ 嵌套序列剪辑的初始持续时间取决于其源序列。这包括源序列开头处的空白空间，但不包括结尾处的空白空间。

⑥ 可以像其他剪辑那样设置嵌套序列的入点和出点。修剪嵌套序列不会影响源序列的长度。

⑦ 此外，对源序列持续时间的后续更改不会影响现有嵌套实例的持续时间。要延长嵌套实例并显示已添加到源序列中的画面素材，应使用标准修剪方法。反之，缩短源序列会导致嵌套实例包含黑场视频和无声音频，在实际制作中可能需要将它们从嵌套序列中修剪掉。当嵌套的源序列 B 尾部长度被剪短后，在 C 时间轴中 B 嵌套序列的相应时间段会出现斜纹显示，内容为黑场，如图 8-5 所示。

图 8-5 嵌套序列尾部长度被剪短后显示斜纹

8.4 使用素材箱管理项目面板

项目面板包含素材箱，素材箱可用于将项目内容组织到类似于 Windows 资源管理器或 Mac OS Finder 的文件夹路径中。素材箱可以包含源文件、序列及其他素材箱，如图 8-6 所示。

1. 添加和删除素材箱

要添加素材箱，可单击项目面板底部的"新建素材箱"按钮（快捷键 Ctrl+"/"组合键）。要删除一个或多个素材箱，可选择素材箱并单击项目面板底部的"删除"按钮；也可通过选择一个或多个素材箱然后按 Delete 键来删除素材箱。

2. 更改素材箱行为

在项目中操作时，有时需要更改查看素材箱的方式。在标准布局中，可以看到整个项目的层次结构，这比较有用。

图 8-6 在项目面板中使用素材箱

但有时可能需要在素材箱自身的选项卡中或者在新面板中打开素材箱，这样可专注于特定素材箱中的剪辑，在图标模式下以故事板顺序将剪辑排序，或者通过在搜索字段中输入内容在素材箱中搜索剪辑。

要在素材箱自身的浮动面板中或在新选项卡中打开素材箱，应执行以下操作：

要在其自身的浮动面板中打开某素材箱，应双击该素材箱。此面板可以像任何其他面板一样停靠或分组。

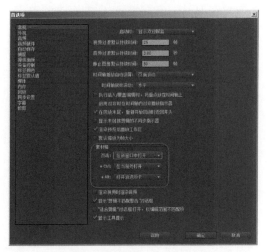

要在当前位置打开某素材箱，应按住 Ctrl 键并双击该素材箱。

要在新选项卡中打开某素材箱，应按住 Alt 键并双击该素材箱。

通过编辑素材箱的首选项，可更改项目面板中素材箱的默认行为。选择菜单命令"编辑"→"首选项"→"常规"，在首选项面板的"素材箱"栏中，从"双击"、"+Ctrl"及"+Alt"下拉列表中选项，然后单击"确定"按钮，如图 8-7 所示。

图 8-7 在首选项中进行预设

3．素材箱技巧

要将一些选项移入素材箱中，将该选项拖至"素材箱"图标上即可。也可以将素材箱移入其他素材箱内，以实现嵌套。将选项放入素材箱中不会自动打开素材箱。

要在"列表"视图中显示某个素材箱的内容，可单击该"素材箱"图标旁的三角形图标或者双击该素材箱以将其展开，如图 8-8 所示。

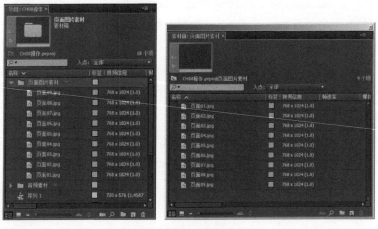

图 8-8 打开素材箱

在仅查看某个嵌套的素材箱的内容时，如果要显示上一级（父）素材箱的内容，可单击项目面板中的"父素材箱"按钮。可以一直单击此按钮，直到显示"项目"面板的顶层内容。

要同时打开或关闭多个素材箱，可在按住 Alt 键的同时单击多个所选素材箱。

如果在某行中单击"新建素材箱"按钮多次，每个新建的素材箱都将嵌套在前一个所建的素材箱中。

8.5 从项目面板中移除未使用资源

选择相应的资源并按 Delete 键，可以从项目面板中移除不需要的资源。但是，此文件仍保留在硬盘中。

使用"项目"→"设为脱机"命令，可以删除实际源文件及其在项目中的引用。

而比较常用的操作是从项目面板中移除未在时间轴面板中使用的资源。操作方法如下。

（1）在项目面板中，按"视频使用情况"或"音频使用情况"列对列表视图进行排序，以标记未使用的剪辑，然后选择这些剪辑并删除。列中显示的数字表示使用次数，没有数字则表示未在任何序列的时间轴中使用。如果未显示这两列，可以单击项目面板右上角的下拉按钮，从弹出菜单中选择"元数据显示"，打开"元数据显示"对话框，展开其中第一项"Premiere Pro 项目元数据"，勾选"视频使用情况"和"音频使用情况"复选框，如图 8-9 所示。

图 8-9 在项目面板中显示素材使用情况

（2）另一种常用的方法是选择菜单命令"编辑"→"移除未使用资源"，将所有没添加到时间轴中的资源移除。

8.6 为剪辑定义不同的缩览图

项目面板的上部为预览区，可以在预览区中查看选中项的相关信息。当预览区隐藏时，可以在项目面板右上角的弹出菜单中启用它，如图 8-10 所示。

可在"图标"视图中更改剪辑的标识帧。在默认情况下，剪辑的第 1 帧显示在缩览图查看器中以及项目面板显示该缩览图的其他位置中。可以将任何剪辑帧指定为标识帧，从而覆盖默认缩览图。要设置图标的标识帧，可单击缩览图左侧的播放按钮，或拖动时间指示器至所需帧，然后单击缩览图左侧的标识帧按钮（或按 Shift+P 组合键）。例如，这里"背景视频 .mov"的第 1 帧为黑场，不具有代表性，拖动时间指示器到画面中出现明确的内容元素，单击标识帧按钮，这样可以更改缩览图的默认显示内容。

图 8-10　启用预览区域

另外，项目名称栏的资源列表名称前的图标，也可以使用显示缩略图的方式，方法是在项目面板右上角的弹出菜单中启用它，如图 8-11 所示。

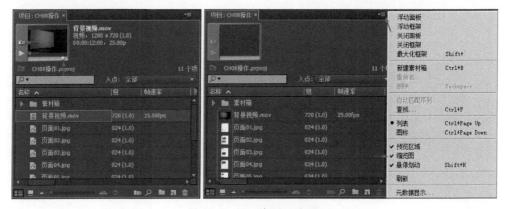

图 8-11　显示素材缩览图

8.7　首选项设置

Premiere Pro CC 提供了可以自定义的首选项设置，在这里，使用者可以自定义 Premiere Pro CC 的外观和行为，从确定过渡的默认长度到设置用户界面的亮度。其中大部分首选项一直有效，直至更改它们。但是，为暂存盘设置的首选项将随项目一起保存。每当打开一个项目时，它都会自动默认为在设置该项目时为其选择的暂存盘。常用首选项设置如下。

（1）选择菜单命令"编辑"→"首选项"→"常规"，打开首选项面板，通常根据需要在这里预设"视频过渡默认持续时间"、"音频过渡默认持续时间"和"静止图像默认持续时间"，以减少在编辑操作时大量的修改操作，如图 8-12 所示。

图 8-12　在首选项中预设默认项的时长

（2）在"自动保存"类别下，推荐勾选"自动保存项目"复选框，可以在设置的时间段内自动保存项目文件，防止出现问题时丢失过多的操作成果，如图 8-13 所示。

图 8-13 启用自动保存项目

（3）在"媒体"类别下，通常将"媒体缓存文件"和"媒体缓存数据库"的文件夹位置设置到系统盘之外，单击"清理"按钮可以删除产生的缓存数据。另外，对于国内 PAL 制式节目的制作，可以将"不确定的媒体时基"设置为 25fps，即每秒 25 帧的时间基准。如图 8-14 所示。

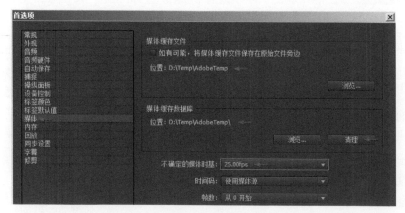

图 8-14 设置缓存文件位置与媒体时基

（4）在"字幕"类别下，可以将"字体浏览器"框中的示例文字由全部英文修改为包含英文字母和中文汉字，这样可以在字幕制作时的示例文字效果中同时查看到中英文的字体效果，如图 8-15 所示。

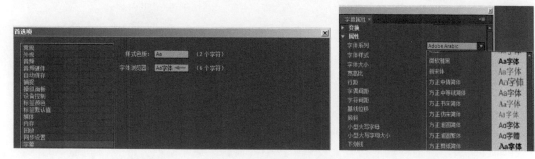

图 8-15 设置字体浏览内容

要恢复默认首选项设置，可以在应用程序启动时按住 Alt 键，当出现启动画面时，松开 Alt 键。

要同时恢复默认首选项设置和增效工具缓存，可以在应用程序启动时按住 Shift+Alt 组合键，当出现启动画面时，松开 Shift+Alt 组合键。

8.8 导出设置

对于已编辑好的序列，由于添加了计算量大的效果等，当时间轴标尺下变为红线显示时，不能流畅地实时播放，此时就需要按 Enter 键进行缓存渲染，并提示渲染进度。待渲染完成后，时间轴标尺下变为绿线，此时按空格键就可以流畅地实时播放了，如图 8-16 所示。

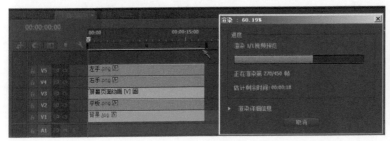

图 8-16 实时播放的渲染

在项目中对于编辑好的序列，可以分为不同的类型进行导出操作。Premiere Pro 支持采用适合各种用途和目标设备的格式导出。可以使用支持的摄像机或 VTR 将序列或剪辑导出到录像带中，此类型的导出适用于存档母带，或提供粗剪以供从 VTR 中进行筛选。可以将项目文件（而不仅仅是剪辑）导出到标准 EDL 文件中，可以将 EDL 文件导入到各种第三方编辑系统中进行最终编辑。可以将 Premiere Pro 项目修剪到其最基本的环节，然后准备好项目（带或不带其源媒体）进行存档。

如果按原尺寸导出静止图像，可以单击节目监视器面板右下部"导出帧"按钮，快速导出当前帧的画面，在弹出的"导出帧"对话框中，可以选择存储路径，命名图像文件进行保存，可以选择几种常用的图像文件格式，还可以包含有透明背景的 Alpha 通道图像，如图 8-17 所示。

图 8-17 导出帧画面

Premiere Pro CC 针对以下选择项进行导出：在时间轴面板或节目监视器面板中选中的序列；在项目面板、源监视器面板或素材箱中选中的剪辑。通常对打开序列时间轴中的内容进行导出，并在导出之前设置好工作区范围。选择菜单命令"文件"→"导出"→"媒体"（快捷键为 Ctrl+M 组合键），打开"导出设置"对话框，在其中对导出文件名称格式等进行设置。设置完成之后，单击"导出"按钮，直接在 Premiere Pro CC 中导出生成新的媒体文件，而单击"队列"按钮将打开外部的 Adobe Media Encoder 软件，在其中可以进行批量的导出操作，如图 8-18 所示。

图 8-18 "导出设置"对话框

在"导出设置"对话框中,可以对导出几种常用的格式进行设置操作如下。

1. 以控制文件大小优先的预览使用的 QuickTime 格式

在"导出设置"对话框的左侧有"源"和"输出"两个标签,用于显示导出前与按当前设置将要导出的画面对比。在左侧下部的"源范围"下拉列表,用于选择要导出的范围依据。

在"导出设置"对话框右侧上部的"导出设置"区中,选择"格式"为 QuickTime,按需要勾选"导出视频"和"导出音频"复选框,为输出名称进行文件位置的选择和命名。

在对话框右侧下部为 5 个标签,选择"视频"标签,设置"视频编解码器"为 H.264,向下拖动滚动条,设置"基本视频设置"区,这里设置"宽度"为 1280,"高度"为 720,帧速率为 25。在"比特率设置"区中将数据传输速率限制为 6000 kbps,即 6M 码流。这些设置会在"摘要"中显示。

根据当前的导出设置,软件可以对某些编码方式导出的文件大小进行预估,在窗口下部显示估计的数值,如图 8-19 所示。最后单击"导出"按钮,进行渲染计算,并导出文件。

图 8-19 导出设置

> **提 示**
>
> 对于多次使用的导出设置，可以在设好合适的导出设置之后，在"导出设置"对话框右侧"导出设置"区中，单击"预设"下拉列表右侧的"保存预设"按钮，将当前设置保存下来，这样下次打开"导出设置"对话框后即可从"预设"下拉列表中直接选择自定义预设，快捷、准确地使用导出设置。

2．以控制文件大小与二次使用并重的 QuickTime 格式

在以上设置的基础上对导出文件的"视频编解码器"进行修改，这里选择为 Photo-JPEG方式，并设置"宽度"为 1920，"高度"设置为 1080，与源尺寸一致。

3．以保障部分片段的最高画面质使用的 QuickTime 格式

在以上设置的基础上对导出文件的"视频编解码器"进行修改，选择为动画方式。

4．以控制文件大小优先的预览使用的 Windows Media 格式

在"导出设置"对话框右侧的"导出设置"区中，更改选择"格式"为 Windows Media，设置"视频编解码器"为 Windows Media Video 9，设置"宽度"为 1280，"高度"为 720。在"比特率设置"区中使用"VBR，2 次约束"编码，"平均视频比特率"设置为8000 kbps，即 8M 码流。这些设置会在"摘要"中进行显示。如图 8-20 所示。

图 8-20　导出 Windows Media 格式文件

5．以控制文件大小优先的预览使用的 mp4 格式

在"导出设置"对话框右侧的"导出设置"区中，更改选择"格式"为 H.264，使用"匹配源 - 高比特率"的预设，也可以在此基础上对"比特率设置"区中的选项和数值进行调整，如图 8-21 所示。

6．导出视 / 音频合一的标清 DVD 文件

视频光盘较为普及的为 DVD 格式，可以在"导出设置"对话框右侧的"导出设置"区中，更改选择"格式"为 MEG2-DVD，国内使用"PAL DV"的预设，此时文件名称的扩展名为.m2v，将会输出分开的 .m2v 视频与 .m2a 音频。单击"多路复用器"标签，选择 DVD 选项，这样文件名称的扩展名变为 .mpg，可以输出视频与音频合一的 DVD 格式视频文件。如图 8-22 所示。

图 8-21　导出 mp4 格式文件

图 8-22　导出标清 DVD 文件

> **提示**
>
> 　　当选择 PAL DV 预设之后，又更改了"多路复用器"标签中的选项，预设的名称将变化为"自定义"。

7. 导出蓝光文件

普通 DVD 视频限制为标清的大小，将对高清源视频的清晰度大打折扣。一般使用输出为计算机中能看的数据文件格式来预览，这样限制较少。如果需要高清的视频光盘，可以导出蓝光的格式。在"导出设置"对话框右侧的"导出设置"区中，更改选择"格式"为"H.264 蓝光"，在预设后选择"HD 1080i 25"，在"多路复用器"标签下选中 TS 选项，这样输出高码流的高清蓝光文件，需要使用蓝光刻录机和蓝光刻录盘来进行刻录，如图 8-23 所示。

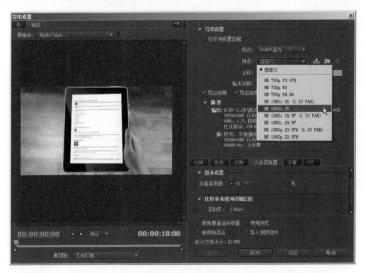

图 8-23　导出蓝光文件

8. 导出单独的音频文件

此外，在"导出设置"对话框右侧的"导出设置"区中，可以选择多种格式的文件进行导出操作。可以单独导出音频文件，例如，在"格式"下拉列表中选择"波形音频"，然后确认合适的采样率，如音频采样率为 48000Hz，单击"导出"按钮，导出 .wav 的音频文件，如图 8-24 所示。

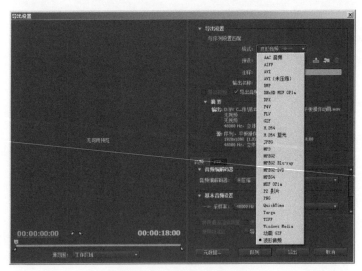

图 8-24　导出音频文件

8.9　使用 Media Encore 输出

使用 Adobe Media Encoder，可以采用适合各种设备（包括专业磁带机、DVD 播放器、视频共享网站、移动电话、便携式媒体播放器以及标准和高清电视机）的格式导出视频。

Adobe Media Encoder 是一款独立的编码应用程序，在"导出设置"对话框中指定导出设置并单击"队列"按钮，即可将 Premiere Pro 序列发送到独立的 Adobe Media Encoder 队列中。在此队列中，可以将序列编码为一种或多种格式，或者利用其他功能。当独立的 Adobe Media Encoder 在后台执行渲染和导出时，可以继续在 Premiere Pro 中工作。Adobe Media Encoder 会对队列中每个序列的最近保存的版本进行编码。

例如，在 Premiere Pro CC 的"导出设置"对话框中设置好一个 .mov 格式的准备导出的文件，单击"队列"按钮，将启动 Adobe Media Encoder 软件，并将所设置的备导出的 mov 格式文件添加到其队列中。单击"启动"按钮，将开始导出的渲染计算，如图 8-25 所示。

图 8-25 发送到 Adobe Media Encoder 中

这样，在 Premiere Pro CC 中，就可以像在 After Effects 中一样，将多个输出设置添加到 Adobe Media Encoder 软件的队列中。在 Adobe Media Encoder 队列中，仍可以对输出项进行修改。当多个待输出文件设置完毕后，单击"启动"按钮，Adobe Media Encoder 进行连续的渲染计算，导出批量结果，如图 8-26 所示。

图 8-26 在 Adobe Media Encoder 中渲染队列

8.10 备份管理

项目文件在制作过程中可以按 Ctrl+S 组合键进行保存。当一个项目文件在阶段性或全部制作完毕后，应视需要进行项目文件和所使用素材的备份操作。单独项目文件的备份，可以通过菜单命令"文件"→"另存为"或菜单命令"文件"→"保存副本"使用不同的名称来保存。或者选择菜单命令"编辑"→"首选项"→"自动保存"下，在首选项面板中的"自动保存"类列下勾选"自动保存项目"复选框，并设置时间间隔和版本数量。

重要的制作需要将项目和所使用素材全部进行备份，并放置在不同的磁盘中。可以选择菜单命令"文件"→"项目管理器"，打开"项目管理器"，在其中进行设置，备份整个项目所使用的文件到新的文件夹中，方法如下。

（1）在"源"区中为当前项目中的序列，将有用的序列全部勾选。

（2）在"生成项目"区中，通常会选择"收集文件并复制到新位置"，即以复制完整源素材文件的方式进行备份。如果选择"新建修剪项目"，则会对大段视频素材中所使用的部分进行剪辑，此选项会更改素材名称并剪去未使用的部分。

（3）在"选项"区中，设置是否包含预览文件和音频匹配文件。

（4）在"项目目标"区中，选择备份的素材的目标路径，将在目标路径中建立新的文件夹，并复制文件。

（5）在"磁盘空间"区中，可以看到软件经过计算估计出的备份文件大小，方便了解占用磁盘空间的情况。

设置完毕，单击"确定"按钮，会将项目文件及所有使用的源素材文件复制到名为"已复制_XXX"字样的文件夹中。在制作中所使用的素材可能来自多个文件夹，经过备份之后，所有的素材放入同一个文件夹中，以后在任何磁盘的任何位置打开文件夹内的项目文件时，都可以完整地连接所有的素材文件，如图 8-27 所示。

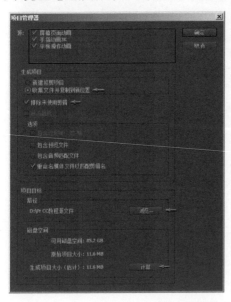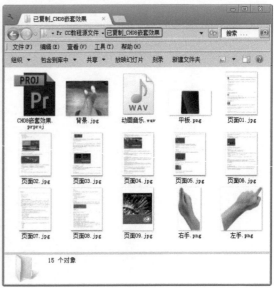

图 8-27　使用"项目管理器"收集和备份文件

> 提　示
>
> 　　"项目管理器"不能复制并收集动态链接到 Adobe Premiere Pro 项目中的 After Effects 合成。但是，它会将"动态链接"剪辑作为脱机剪辑保存在修剪项目中。

8.11　实例：嵌套制作

嵌套制作的方法在 After Effects 中使用较多，Premiere Pro CC 利用嵌套的功能，也可以进行一些复杂关系的动画制作。这里利用平板电脑、人手及页面的图像，制作手势动画效果，其中需要利用嵌套功能，分开在不同序列进行制作，才能完成这个动画效果。实例效果如图 8-28 所示。

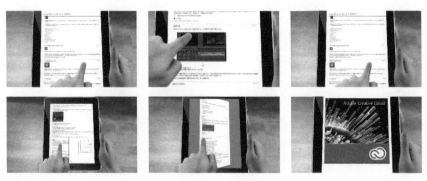

图 8-28　实例效果

1．在新建项目中导入素材

（1）启动 Premiere Pro CC 软件，新建项目文件。

（2）选择菜单命令"编辑"→"首选项→"常规"，打开首选项面板，将"视频过渡默认持续时间"设为 25 帧，将"静止图像默认持续时间"设为 50 帧。这样在后面的操作中，添加过渡时默认的时长将会为 1 秒，导入图片素材时默认长度将会为 2 秒。如图 8-29 所示。

图 8-29　预设默认时长

（3）在项目面板中双击空白处，弹出"导入"对话框，将本例制作所需要的图片素材和音频素材导入到项目面板中，其中图片素材如图 8-30 所示。

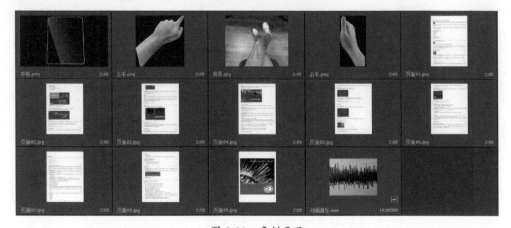

图 8-30　素材画面

2. 建立"屏幕页面动画"序列

（1）从项目面板中，先选择连续图像素材的第一个，再按住 Shift 键选中最后一个，同时选择多个图像素材："页面 01.jpg"至"页面 09.jpg"，将它们一起拖至"新建项"按钮上，将会按图像尺寸的大小自动建立新序列，这些素材按选择顺序在序列的视频轨道中前、后顺序连接，将序列的名称更改为"屏幕页面动画"，如图 8-31 所示。

图 8-31　放置素材到时间轴中

（2）在效果面板中展开"视频过渡"，将"滑动"下的"推"拖至视频轨道中"页面 01.jpg"和"页面 02.jpg"之间的连接处，然后单击选中所添加的过渡，在效果控件面板中将过渡更改为从右向左的方向，如图 8-32 所示。

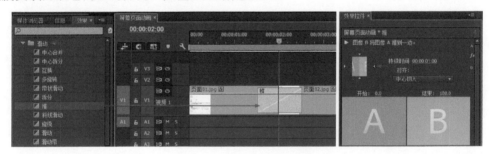

图 8-32　添加过渡并设置

（3）在"页面 02.jpg"和"页面 03.jpg"之间添加"推"过渡，并设置方向为从右向左。

（4）在"页面 03.jpg"和"页面 04.jpg"之间添加"推"过渡，将方向更改为从下向上，如图 8-33 所示。

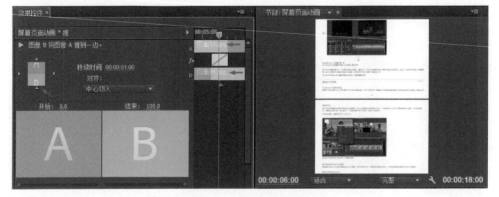

图 8-33　添加过渡并设置

（5）在"页面 04.jpg"和"页面 05.jpg"之间添加"推"过渡，方向为从下向上。

（6）从效果面板中将"页面剥落"下的"翻页"拖至视频轨道中"页面 05.jpg"和"页面 06.jpg"之间的连接处，然后单击选中所添加的过渡，在效果控件面板中将过渡方向更改为从右下向左上，如图 8-34 所示。

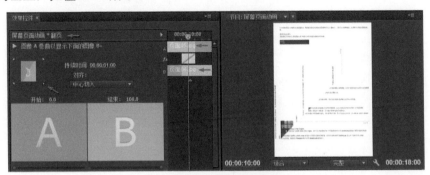

图 8-34 添加过渡并设置

（7）在"页面 06.jpg"和"页面 07.jpg"之间添加"翻页"过渡，方向为从右下向左上。

（8）从效果面板中将"3D 运动"下的"翻转"拖至视频轨道中"页面 07.jpg"和"页面 08.jpg"之间的连接处，然后单击选中所添加的过渡，如图 8-35 所示。

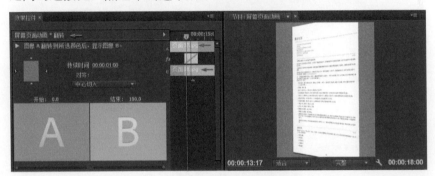

图 8-35 添加过渡并设置

（9）在"页面 08.jpg"和"页面 09.jpg"之间添加"翻转"过渡。添加过渡后的时间轴，如图 8-36 所示。

图 8-36 在时间轴中各素材片段之间添加过渡

3．建立"手指动画 3K"序列

（1）选择菜单命令"文件"→"新建"→"序列"（快捷键为 Ctrl+N 组合键），在打开的"新建序列"对话框中，展开预设"RED R3D"，选择"3K"下的"3K 16×9 25"，使用一个较大的尺寸，设置序列名称为"手指动画 3K"，单击"确定"按钮，建立序列，如图 8-37 所示。

（2）从项目面板中将"背景 .jpg"、"平板 .jpg"和"屏幕页面动画"拖至 V1、V2 和 V3 轨道中，长度均为 18 秒。选中"平板 .jpg"，在效果控件面板中将其"缩放"设为 160，如图 8-38 所示。

图 8-37　建立序列

图 8-38　放置素材并设置大小

（3）从效果面板中展开"视频效果"，将"扭曲"下的"边角定位"拖至"屏幕页面动画"上。在效果控件面板中单击"边角定位"，将显示出 4 个定位点，参照平板电脑的图像移动 4 个定位点到平板屏幕 4 个角的位置，如图 8-39 所示。

图 8-39　添加"边角定位"效果

（4）从项目面板中将"右手.png"拖至 V4 轨道中，长度与其他轨道保持一致。在效果控件面板中调整"位置"和"缩放"，如图 8-40 所示。

（5）从项目面板中将"左手.png"拖至 V5 轨道中，长度与其他轨道保持一致。在效果控件面板中调整"缩放"，将其"锚点"移至手臂上，方便后面的旋转动画设置，暂时将"位置"设置在画面中部，如图 8-41 所示。

图 8-40　放置素材并设置大小和位置

图 8-41　放置素材并设置运动属性

4．设置左右滑页手势

（1）对于操作平板的手势动画，需要进行耐心细致的设置，这些手势动画的设置可能需要耗费很长的时间做调试，需要在实践中找出规律，并逐渐养成规范的制作习惯，这样会大幅提高工作效率。以下给出这些手势关键帧详细、准确的设置对照。在时间轴中选中"左手.png"，在效果控件面板中确认已更改"锚点"设置，在第 20 帧处，单击打开"缩放"、"旋转"和"位置"前面的秒表，记录动画关键帧。此时将人手移至左下部的画面之外，属性设置如图 8-42 所示。

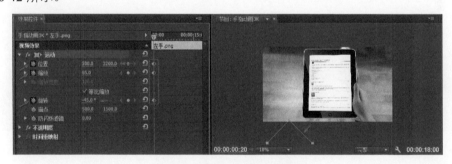

图 8-42　设置运动属性关键帧

（2）在第 1 秒 10 帧时将人手移至平板电脑屏幕的右部，并向右旋转，此时属性的关键帧设置如图 8-43 所示。

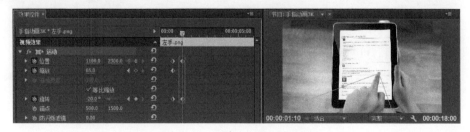

图 8-43　设置运动属性关键帧

（3）在第 1 秒 20 帧时将人手移至平板电脑屏幕的左部，并向左旋转，设置向左滑屏的手势动画。同时对"缩放"进行适当的变化，以配合人手的起落动画效果，人手在触屏操作时变小一些，此时属性的关键帧设置，如图 8-44 所示。

图 8-44　设置运动属性关键帧

（4）在第 2 秒 05 帧时，设置完成触屏操作时人手提起的动画，恢复人手的"缩放"，属性设置如图 8-45 所示。

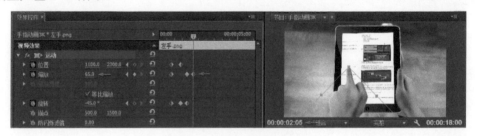

图 8-45　设置运动属性关键帧

（5）在第 3 秒 10 帧时，将人手返回平板电脑屏幕的右部，向右旋转，此时属性的关键帧设置如图 8-46 所示。

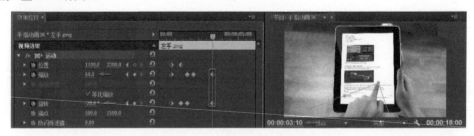

图 8-46　设置运动属性关键帧

（6）在第 3 秒 20 帧时，将人手移至平板电脑屏幕的左部，向左旋转，此时属性的关键帧设置如图 8-47 所示。

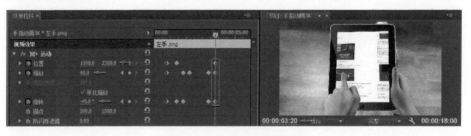

图 8-47　设置运动属性关键帧

（7）在第 4 秒 05 帧时，设置完成触屏操作时人手提起的动画，恢复人手的"缩放"，属性设置如图 8-48 所示。

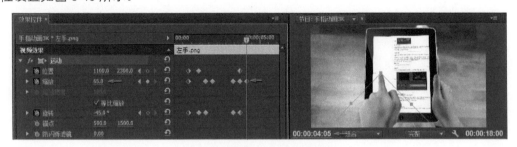

图 8-48　设置运动属性关键帧

5. 设置上下滑页手势

（1）将时间移至第 5 秒 10 帧处，设置"旋转"、"缩放"和"位置"关键帧，将人手调整到平板屏幕的左下部，准备制作向上滑的动作，此时的关键帧设置，如图 8-49 所示。

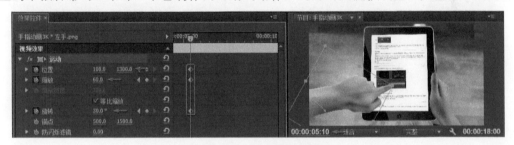

图 8-49　设置运动属性关键帧

（2）在第 5 秒 20 帧时，调整人手的"旋转"，使其做向上滑的动作，同时调整"缩放"，适当缩小图片，此时的关键帧设置，如图 8-50 所示。

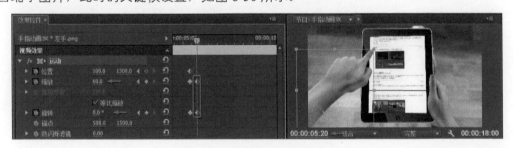

图 8-50　设置运动属性关键帧

（3）在第 6 秒 05 帧时，设置完成触屏操作时人手提起的动画，恢复人手的"缩放"，属性设置如图 8-51 所示。

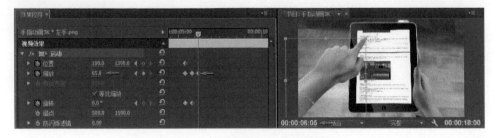

图 8-51　设置运动属性关键帧

（4）在第 7 秒 10 帧时，将人手移至平板屏幕的左下部，此时的关键帧设置，如图 8-52 所示。

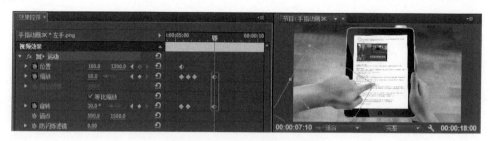

图 8-52　设置运动属性关键帧

（5）在第 7 秒 20 帧时，调整人手的"旋转"，使其做向上滑的动作，此时的关键帧设置，如图 8-53 所示。

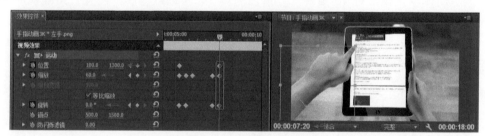

图 8-53　设置运动属性关键帧

（6）在第 8 秒 05 帧时，设置完成触屏操作时人手提起的动画，恢复人手的"缩放"，属性设置如图 8-54 所示。

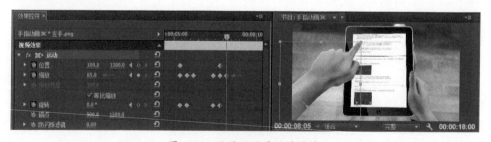

图 8-54　设置运动属性关键帧

6．卷页手势

（1）将时间移至第 9 秒 10 帧处，设置"旋转"、"缩放"和"位置"关键帧，将人手移至平板屏幕的右下角，准备制作从右下角卷页的动作，此时的关键帧设置，如图 8-55 所示。

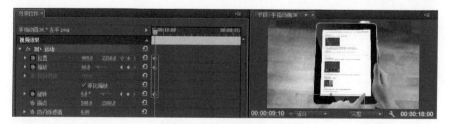

图 8-55　设置运动属性关键帧

（2）在第 9 秒 20 帧时，调整人手的"旋转"，使其做向左上方卷动页面的动作，此时的关键帧设置，如图 8-56 所示。

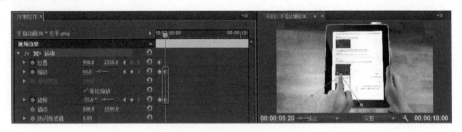

图 8-56 设置运动属性关键帧

（3）在第 10 秒 05 帧时，设置完成触屏操作时人手提起的动画，恢复人手的"缩放"，属性设置如图 8-57 所示。

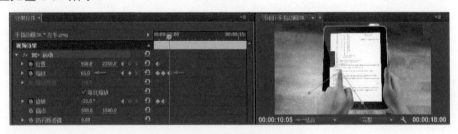

图 8-57 设置运动属性关键帧

（4）在第 11 秒 10 帧时，将人手移至平板屏幕的右下角，此时的关键帧设置，如图 8-58 所示。

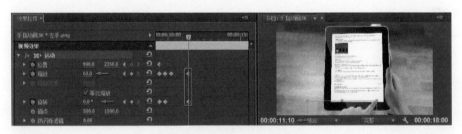

图 8-58 设置运动属性关键帧

（5）在第 11 秒 20 帧时，调整人手的"旋转"，使其做向左上方卷动页面的动作，此时的关键帧设置，如图 8-59 所示。

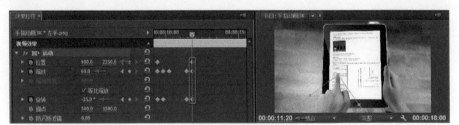

图 8-59 设置运动属性关键帧

（6）在第 12 秒 05 帧时，设置完成触屏操作时人手提起的动画，恢复人手的"缩放"，属性设置如图 8-60 所示。

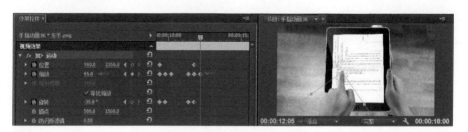

图 8-60　设置运动属性关键帧

7．翻页手势

（1）将时间移至第 13 秒处，设置"缩放"和"位置"关键帧，将人手移至平板屏幕的中部偏左下的位置，准备制作点击的动作，此时的关键帧设置，如图 8-61 所示。

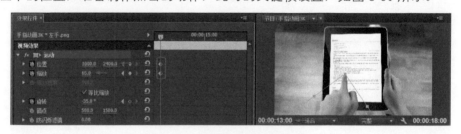

图 8-61　设置运动属性关键帧

（2）在第 13 秒 10 帧时，调整人手的"缩放"和"位置"，使其向中部偏左上的位置做点击画面的动作，此时的关键帧设置，如图 8-62 所示。

（3）在第 13 秒 20 帧时，设置完成触屏操作时人手提起和下移的动画，恢复人手的"缩放"，并调整"位置"，属性设置如图 8-63 所示。

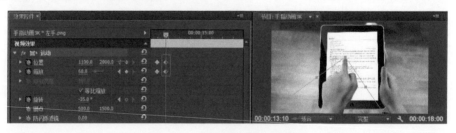

图 8-62　设置运动属性关键帧

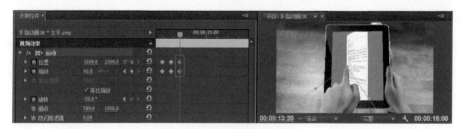

图 8-63　设置运动属性关键帧

（4）再制作一个点击的动作，可以选中已设置好的三个时间位置的一组关键帧，按 Ctrl+C 组合键复制，再将时间移至第 15 秒处，按 Ctrl+V 组合键粘贴，如图 8-64 所示。

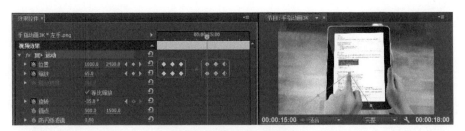

图 8-64 复制和粘贴关键帧

（5）最后，在第 16 秒 10 帧时，将人手移至屏幕左下部的外面，属性设置如图 8-65 所示。

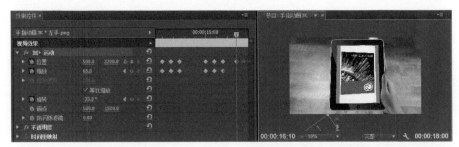

图 8-65 移动手势到屏幕外

8. "平板操作动画"序列

（1）选择菜单命令"文件"→"新建"→"序列"（快捷键为 Ctrl+N 组合键），在打开的"新建序列"对话框中，展开预设"AVCHD"，选择"1080p"下的"AVCHD 1080p25"，设置序列名称为"平板操作动画"，单击"确定"按钮，建立一个高清序列，如图 8-66 所示。

图 8-66 建立序列

（2）从项目面板中将"手指动画 3K"拖至时间轴视频轨道中，将音乐素材拖至时间轴音频轨道中，如图 8-67 所示。

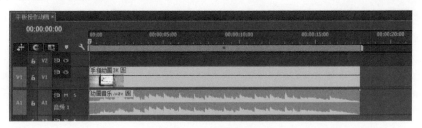

图 8-67　放置素材

（3）选中"手指动画 3K"，在效果控件面板中准备对其设置"缩放"的关键帧动画，制作查看局部和全貌的变换动画。因为当前平板屏幕的中心点偏右，在放大时平板屏幕会随之向右偏移，所以这里先对平板屏幕的中心点进行校正，使其处于显示屏的中心。先在节目监视面板中右击，选择快捷菜单命令"安全边距"，显示出参考线框，如图 8-68 所示。

图 8-68　显示参考线框

（4）参照线框的位置，在效果控件面板中调整"锚点"，使平板屏幕居中，如图 8-69 所示。

图 8-69　调整锚点位置

（5）在第 0 帧时，单击打开"缩放"前面的秒表，缩小画面至查看全貌的状态，记录关键帧，此时"缩放"为 65，如图 8-70 所示。

图 8-70　设置缩放关键帧

（6）将时间移至第 2 秒，调整"缩放"，将画面放大一些，记录关键帧，此时"缩放"

为 100。同时在第 5 秒处设置相同数值的关键帧，如图 8-71 所示。

图 8-71　添加缩放关键帧

（8）将时间移至第 6 秒，调整"缩放"，显示局部特写，记录关键帧，此时"缩放"为 160。接着设置"缩放"在第 8 秒时为 160，在第 10 秒时为 65，在第 14 秒时为 65，在第 15 秒时为 100。完成本实例的制作，如图 8-72 所示。

图 8-72　添加缩放关键帧

思考与练习

一、思考题

1. 在什么情况下需要使用嵌套制作？
2. 项目面板中的素材太多时，应该如何管理？
3. 备份项目文件和素材时，怎样排除未使用的素材？
4. 如何输出清晰度高、占用空间又小的视频？

二、练习题

1. 进行一次项目文件的备份操作，并排除未用素材。
2. 导出一段素材，使用 QuickTime 的三种常用格式，比较导出文件的大小和画质。
3. 发送多个输出设置到 Media Encore 中进行批量渲染。

第 9 章
字 幕 制 作

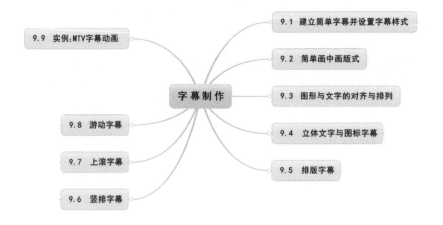

9.9 实例:MTV字幕动画

9.1 建立简单字幕并设置字幕样式

9.2 简单画中画版式

字 幕 制 作

9.3 图形与文字的对齐与排列

9.8 游动字幕

9.4 立体文字与图标字幕

9.7 上滚字幕

9.6 竖排字幕

9.5 排版字幕

字幕在视频编辑制作中是一项重要的内容，Premiere Pro CC 中的字幕设计提供了制作视频字幕所需的特性，可以方便、快速地创建多种样式的静态字幕、上滚字幕、游动字幕，可以对整篇的文字进行排版，可以在字幕中插入图形，进行图文混排，还可以方便地对众多的图文元素进行对齐、排列操作。此外利用字幕功能还可以制作一些常用的图形、遮罩、背景等，为制作多种效果提供解决方案。

9.1 建立简单字幕并设置字幕样式

1．打开"新建字幕"对话框，建立静态字幕的方法

打开"新建字幕"对话框，建立基本的静态字幕，有以下几种方法：

选择菜单命令"文件"→"新建"→"字幕"（快捷键为 Ctrl+T 组合键）；

单击项目面板中的"新建项"按钮，选择弹出菜单命令"字幕"；

选择菜单命令"字幕"→"新建字幕"→"默认静态字幕"；

在项目面板的空白处右击，选择快捷菜单命令"新建项目"→"字幕"。

2．建立中英文字幕

这里建立一个字幕，并输入简单的英文和中文。

在一个高清序列时间轴中放置背景图像。

按 Ctrl+T 组合键新建字幕，在弹出的"新建字幕"对话框中，将字幕命名，单击"确定"按钮，打开字幕面板。

在字幕面板中上部显示字幕的名称，当"显示背景视频"按钮打开时，在中间视频区域显示时间轴中的视频。使用文字工具，在视频的左上部单击，输入英文的文字"Premiere Pro CC"，然后切换到选择工具，在右侧的字幕属性面板中，设置字幕的字体、大小和颜色，如图 9-1 所示。

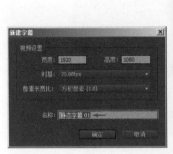

图 9-1　新建字幕并输入英文

再次使用文字工具，在英文的下方单击，输入中文文字"简体中文版视频编辑软件"，然后切换到选择工具，在右侧的字幕属性面板中，设置字幕的字体、大小和颜色，如图 9-2 所示。

建立好字幕后，关闭字幕面板，字幕被保存在项目文件内，位于项目面板中。将字幕拖至时间轴中，放置在素材上方轨道中，即可将字幕叠加显示在素材画面上。字幕可以看作带有透明背景的静态图像，在效果控件面板中可以像静态图像一样进行相关设置操作。

图 9-2　输入中文

3．建立字幕样式

字幕的属性、填充、描边、阴影等设置构成了字幕的样式。对于中文字幕，在初次输入时，常会出现不正常的乱码显示，这是因为建立字幕时默认使用的字幕样式为英文字体。当选择中文字体之后，文字的显示变得正常。Premiere Pro CC 字幕面板下部字幕样式面板的样式库中，默认均为英文字体的样式，可以将设置好的、包括中文字体的常用字幕样式添加到字幕样式面板的样式库中。

选中前面建立的中文字幕，单击字幕样式面板右上角的按钮，选择弹出菜单命令"新建样式"，如图 9-3 所示。

图 9-3　新建样式

弹出"新建样式"对话框，默认以字体、字体样式及大小命名，单击"确定"按钮，在字幕样式面板中添加一个样式，如图 9-4 所示。

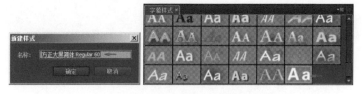

图 9-4　命名样式并查看字幕样式库

> **提　示**
>
> 可以将新建的样式拖至字幕样式面板的最前面，方便选择。在以后输入中文时，先单击选中中文样式，再输入中文，就不会出现乱码的现象。

9.2　简单画中画版式

在字幕面板中可以建立字幕和绘制一些简单的线条等图形，还可以利用其背景的功能制作渐变的背景底色。例如，这里制作一个简单的画中画效果。

按 Ctrl+T 组合键新建一个静态字幕，在"字幕属性"面板中勾选"背景"，将"填充类型"设置为"径向渐变"，在"颜色"属性中，将左侧色块设为白色，将右侧色块设为浅蓝色，RGB 为（151，210，255），如图 9-5 所示。

图 9-5　在字幕中设置径向渐变背景

从项目面板中将这个背景字幕拖至时间轴的 V1 轨道中。

将视频素材放置到 V2 轨道中，调整"缩放"和"位置"，并从效果面板展开"视频效果"，从"透视"下将"放射阴影"添加到视频上，设置带有部分边缘的效果，如图 9-6 所示。

图 9-6　放置素材并设置画中画效果

按 Ctrl+T 组合键建立字幕，输入中文和英文，设置字体、大小和填充颜色。选择直线工具在两行文字之间绘制一条线段，然后选中两段文字和直线，在左侧工具箱中，在"对齐"区中单击"水平居中"按钮，在"中心"区中单击"水平居中"按钮，可以将这 3 个元素在屏幕中水平居中对齐放置，如图 9-7 所示。

在时间轴中将字幕放置在 V3 轨道中，这样可以在字幕和背景之间放置其他视频，制作配有字幕的画中画效果，如图 9-8 所示。

图 9-7　建立字幕并对齐

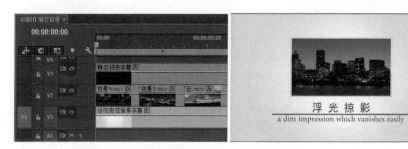

图 9-8　放置字幕合成效果

9.3　图形与文字的对齐与排列

在前面的版式制作中，对文本与直线进行了对齐的操作。对齐与排列在字幕制作中不可缺少，在字幕面板中可以对字幕与图形进行精确的定位、自动对齐与分布排列。可以在字幕属性面板的"变换"属性下设置精确的数值来调整元素的位置，或使用左侧工具箱中的"对齐"、"分布"和"中心"等按钮对众多的字幕和图形元素进行规范整齐的摆放。这里对文字与图形进行摆放操作，并且使用路径工具来建立曲线的文字，制作步骤如下。

（1）按 Ctrl+T 组合键新建一个静态字幕，在字幕属性面板中勾选"背景"选项，将"填充类型"设置为"线性渐变"，在"颜色"属性中将左侧色块设为白色，将右侧色块设为浅绿色，RGB 为（187，255，225），如图 9-9 所示。

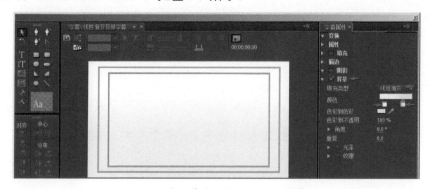

图 9-9　在字幕中设置线性渐变背景

（2）从项目面板将背景字幕放置到时间轴的 V1 轨道中。

（3）按 Ctrl+T 组合键新建一个静态字幕，选择椭圆工具配合使用 Shift 键绘制一个正圆形。在字幕属性面板中，设置填充颜色为 RGB（223，85，117），在"描边"区中，单击"外描边"后的"添加"，添加一个"外描边"，并设置"大小"，描边颜色为白色。可以在"变换"区中设置"宽度"和"高度"，确定"X 位置"。然后在工具箱中单击"中心"下的"垂直居中"按钮，使其上下居中，如图 9-10 所示。

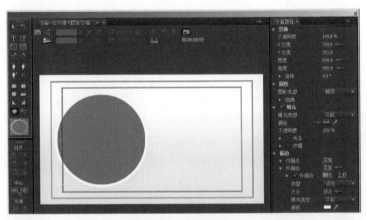

图 9-10　建立圆形

（4）选择矩形工具，绘制一个长条矩形，设置填充颜色为红色，可以在字幕属性面板的"变换"区中设置"宽度"和"高度"，如图 9-11 所示。

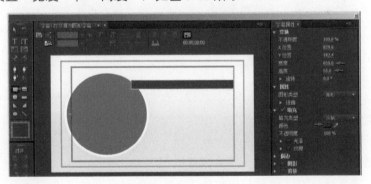

图 9-11　建立矩形

（5）使用选择工具配合 Alt 键向下拖动矩形，可以创建出副本，这样共创建 7 个矩形条，并设置不同的填充颜色，分别为赤、橙、黄、绿、青、蓝、紫 7 种颜色。框选中这 7 个矩形条，在工具箱"对齐"下单击"水平居中"按钮，在"分布"下单击"垂直居中"按钮，在"中心"下单击"垂直居中"按钮，然后右击，选择快捷菜单命令"排列"→"移到最后"，如图 9-12 所示。

提　示

　　对于在字幕面板中建立好的字幕或图形版式，可以选择菜单命令"字幕"→"模板"，将其保存到软件字幕类型的用户模板中，这样新建或打开其他项目时，也可以在字幕面板中调出这个字幕或图形版式。

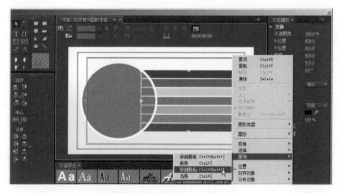

图 9-12　复制矩形并放置

（6）按 Ctrl+T 组合键新建一个静态字幕，输出以下的文字，并选中英文的字幕，先确定首尾字幕的位置，第一个英文单词在顶部矩形条的左侧，最后一个英文单词在底部矩形条的右侧，中间的英文单词缩进排列，不要求精确。然后框选中英文字幕，单击工具箱"分布"下的"水平居中"和"垂直居中"按钮，如图 9-13 所示。

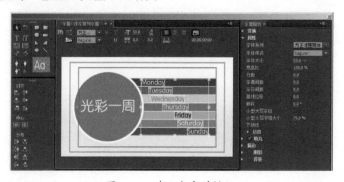

图 9-13　建立文字并排版

（7）选择路径文字工具，先建立一个路径，然后在路径上输入文字。操作时先使用路径文字工具在左侧第一个锚点的位置单击，按住左键向下拖出曲线手柄，然后在右侧第二个锚点的位置单击，同样按住左键向下拖出曲线手柄，同时在这两个锚点之间建立一个与圆弧度相近的曲线路径。可以使用锚点转换工具调整锚点下方的手柄，改变路径曲线的形状。如果没有显示出路径或手柄，可以使用路径文字工具在路径位置单击将其激活显示。调整完曲线之后，使用路径文字工具在路径曲线上再次单击，使其处于输入文字的状态，输入文字并设置字体、大小、间距和填充颜色，这里颜色为浅黄色，如图 9-14 所示。

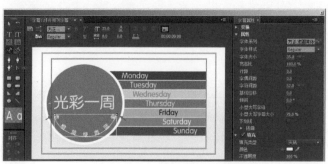

图 9-14　建立路径文字

（8）从项目面板将这个字幕拖至 V3 轨道中，可以为不同轨道的图形和字幕添加过渡效果，制作分开的动画效果，如图 9-15 所示。

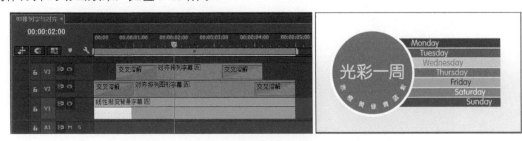

图 9-15 放置字幕合成效果

9.4 立体文字与图标字幕

在 Premiere Pro 的字幕制作中，还可以为文字添加一些效果，例如，为文字制作渐变的填充效果，添加深度类型的描边以模拟立体的效果。还可以在字幕中插入图形文件，这为字幕设计的效果提供了无限扩展，可以制作图形化文字插入到字幕中来。本节制作一个立体文字的效果，并在字幕中插入小图标，制作步骤如下。

（1）在一个 720P 的序列时间轴中放置背景图像，并将图像缩放为帧大小。

> **提　示**
>
> 这里使用不同预设的序列，可以看到相同大小的字幕，在不同大小的序列时间轴中显示比例也不同。

（2）按 Ctrl+T 组合键新建字幕，使用文字工具，在视频的左上部单击，输入英文的文字"Adobe CC"，然后切换到选择工具，在右侧的字幕属性面板中设置字幕的字体、大小，如图 9-16 所示。

图 9-16 建立字幕

（3）对文字使用"线性渐变"填充类型，左侧色块为白色，右侧色块为 RGB（136，114，250），勾选"光泽"复选框，调整其下的"大小"值，如图 9-17 所示。

图 9-17　设置渐变

（4）在"外描边"后单击"添加"，添加一个外描边，将"类型"选择为"深度"，设置其"大小"、"角度"，将"颜色"设为 RGB（107，81，166），这样添加了立体的效果。勾选"光泽"复选框，调整其下的"大小"值，这样为其上部添加一些高光的效果，如图 9-18 所示。

图 9-18　设置立体效果

（5）在字幕面板中右击，选择快捷菜单命令"图形"→"插入图形"，选择图形文件"01-ae.png"，插入到字幕面板中。插入的图形会延用刚才文字的属性设置，也具有立体外描边的效果，这里取消选中"填充"区中的"光泽"复选框，并调整"外描边"下的"大小"值，如图 9-19 所示。

图 9-19　插入图形

（6）同样，再插入另外两个图标的图形文件。然后，选中这 3 个图标图形，在工具箱"对齐"和"分布"下将其对齐并等距离放置，然后再将其移至文字的下面，如图 9-20 所示。

图 9-20　插入并放置图形

（7）在字幕中也可以使用大的图像，这里在字幕中为其添加一个与时间轴中背景素材相同的图像。在字幕属性面板中勾选"背景"复选框，再勾选"纹理"复选框，并单击"纹理"后的方框，打开对话框，选择"Adobe 背景 .jpg"文件，将其作为字幕的背景，如图 9-21 所示。

图 9-21　在背景中使用图像

> **提　示**
>
> 　可以在字幕面板中绘制一个大的矩形，为矩形设置图形的纹理，将选择的图像填充到矩形中。也可以与插入小图标图形一样，选择一个大的图像插入到字幕面板中，调整大小或将其排列到字幕中各元素的底层。

9.5　排版字幕

当文字较多时，通常需要按阅读习惯来排版文字，例如将标题居中放大，将段落首字空出两格，将段尾落款、日期等右对齐。对于用途广泛的字幕制作，Premiere Pro 也具有一定的排版字幕功能，制作步骤如下。

（1）在一个高清的序列时间轴中放置背景图像。

（2）按 Ctrl+T 组合键新建字幕，命名为"排版字幕"，为了使背景图像不干扰字幕的显示，这里先建立一个矩形的色块，准备在色块上放置文字。选择矩形工具，绘制一个大的矩形，设置"填充类型"为"线性渐变"，设置左、右两个色块的颜色均为（0，102，255），设置左侧色块的"色彩不透明度"为 5%，右侧色块的"色彩不透明度"为 90%，调整"角度"。在"外描边"后单击"添加"，添加一个外描边，设置其下的"大小"和"不透明度"。确认字幕面板中显示出安全字幕边距，可以在字幕面板中右击，在快捷菜单中的"视图"命令下查看勾选状态。这里的矩形参照安全字幕边距来调整大小和位置，如图 9-22 所示。

（3）对一篇文字较多的字幕，可以从文本文件中复制文字，粘贴到 Premiere Pro 中即可。这里先复制准备好的文本文件中的文字，如图 9-23 所示。

图 9-22　查看视图选项

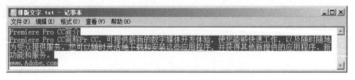

图 9-23　复制文本文件中的文字

（4）在字幕面板中，选择区域文字工具，可以在建立文字之前或之后选择在本章开始时所建立的字幕样式，这样使文字以中文字体显示，不出现乱码的现象。使用区域文字工具在矩形色块中从左上向右下拖出一个文本框，然后按 Ctrl+V 组合键粘贴文字。可以看到文本框右下角有一个小十字形的标记，表示由于文字过大或文本框过小，文本框中还有未显示出来文字，如图 9-24 所示。

（5）切换到选择工具，设置字幕的大小和行距，将文字行之间的空行删除。当在多个重叠元素上操作时，应注意所选中的对象，当操作文字而误选中大矩形时，需要在空白处单击取消选择，然后再重新选择文字。或者使用右键的快捷菜单命令"选择"下的子命令切换选择对象。如图 9-25 所示。

图 9-24 建立区域文字

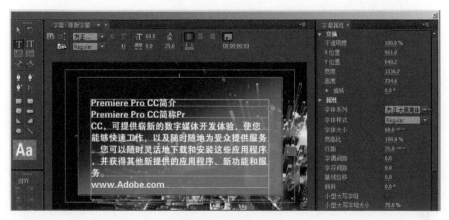

图 9-25 设置文字

（6）接着在字幕面板中右击，在快捷菜单命令"视图"下确认已勾选"制表符标记"项。单击"制表位"按钮，弹出"制表位"标尺和标记设置的对话框，在其中建立三个制表符，第一个为左缩进标记，第二个为居中标记，第三个为右对齐标记。对照文字中显示的制表符标记参考线，在标尺上移动标记的位置，将第一个制表符调整到第二个与第三个文字之间（即缩进两个空格），将第二个制表符居中，将第三个制表符移至文字右侧。调整完毕后，单击"制表位"对话框中的"确定"按钮，如图 9-26 所示。

图 9-26 使用制表位设置

（7）这样，根据制表符就可以对整篇的文字进行排版操作了。将光标定位到标题行前，按 Tab 键两次使之居中；将光标定位到段落的第一个文字前，按 Tab 键一次进行段首文字的缩进设置。由于英文空格处换行不正确，需要做单独的处理，这里按 Enter 键手动换行。将光标定位到最后一行前，按 Tab 键三次使之右对齐，如图 9-27 所示。

图 9-27　根据制表位排版

（8）最后对标题文字单独进行调整。选中标题的文字，调整字幕属性面板中的"字体大小"和"基线位移"，如图 9-28 所示。

图 9-28　调整标题文字

9.6　竖排字幕

文字的排版还有一种竖排的方式。每种文字工具都有一个对应的垂直文字工具，这里使用垂直区域文字工具来进行操作，制作步骤如下。

（1）在一个 720P 的序列时间轴中放置背景图像。

（2）按 Ctrl+T 组合键新建字幕，可以从文本文件中复制文字，选中垂直区域文字工具，在视频画面中拖出一个文本框，然后按 Ctrl+V 组合键粘贴文本，并设置字体、大小和行距，填充黑色，如图 9-29 所示。

（3）为了下一步效果的设置，需要将文字加粗，由于没有更粗的字体可用，这里使用添加描边的办法。选中文字，在"外描边"后单击"添加"，设置颜色与填充颜色一致，并调整描边的大小，如图 9-30 所示。

图 9-29　建立垂直区域文字

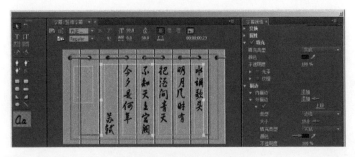

图 9-30　描边加粗文字

（4）从项目面板中将文字拖至时间轴背景素材上方的轨道中，在效果面板中展开"视频效果"，将"风格化"下的"粗糙边缘"拖至字幕上，为文字添加笔画墨迹的效果，如图 9-31 所示。

图 9-31　添加"粗糙边缘"效果

（5）从效果面板中再将"调整"下的"光照效果"拖至背景图像上，为其添加光影质感的效果，如图 9-32 所示。

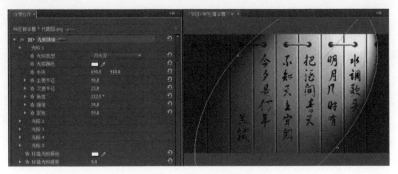

图 9-32　添加"光照效果"

9.7 上滚字幕

在视频制作中，向上移动和向左移动的字幕，是常用的简便实用的字幕动画方式。Premiere Pro CC 提供滚动和游动的动态字幕功能 ，可以快捷地制作出这些字幕动画。这里制作一个上滚的字幕动画，制作步骤如下。

（1）在一个高清的序列时间轴中放置背景图像。

（2）在项目面板中双击前面制作好的"排版字幕"，打开其字幕面板，单击"基于当前字幕新建字幕"按钮，弹出"新建字幕"对话框，命名为"上滚字幕底色块"，单击"确定"按钮，新建一个字幕，如图 9-33 所示。

图 9-33　基于当前字幕新建字幕

（3）在新字幕中删除原来字幕的内容，将大矩形的宽度调窄，高度拉高，延伸至视频画面范围的顶部和底部，居中放置，如图 9-34 所示。

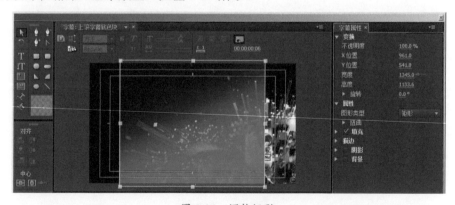

图 9-34　调整矩形

（4）从项目面板中将"上滚字幕底色块"字幕拖至时间轴背景素材上面的轨道中。

（5）选择菜单命令"字幕"→"新建字幕"→"默认滚动字幕"，新建一个滚动的字幕。可以从文本文件中复制用 Enter 键换行的多行文字，使用区域文字工具，在视频画面中拖出一个文本框，然后按 Ctrl+V 组合键粘贴文本，并设置字体、大小和行距，填充颜色。这时将标题的大小设为 60，颜色设为橘色；正文的大小设为 40，颜色为白色。滚动字幕在视频区域右侧显示有上下的滚动条，将文字的顶部移至视频区域内，如图 9-35 所示。

图9-35　新建滚动字幕

（6）从项目面板中将滚动字幕拖至时间轴上面的轨道中，调整长度可以影响其上滚的速度，当滚动过快时，延长字幕的出点可以减缓滚动的速度。单击时间轴右上角的按钮，选择弹出菜单命令"连续视频缩览图"，可以看到当前字幕随时间进程向上滚动至全部显示，如图9-36所示。

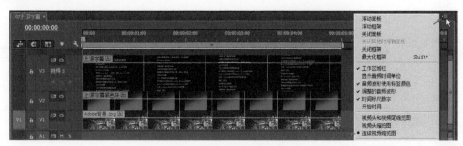

图9-36　放置字幕到时间轴中

（7）在字幕面板中单击"滚动/游动选项"按钮，在弹出的对话框中，将"预卷"、"缓入"、"缓出"和"过卷"分别设置为25、50、75和100，单位为帧，即1秒、2秒、3秒和4秒，如图9-37所示。

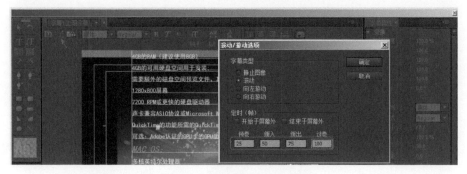

图9-37　设置滚动/游动选项

（8）此时需要在时间轴中将字幕的长度调整为合适的长度，这里为15秒。从开始位置按空格键播放查看效果，可以看到字幕从开始位置以 1 秒长范围为"预卷"的停止状态，接着以2秒长范围为"缓入"的逐渐加速滚动过程，然后均速滚动，在结束前以3秒长范围为"缓出"的逐渐减速过程，最后以4秒长范围为"过卷"的停止状态，这样变速播放完全部的动画。这里用标记点标出各时段，方便直观查看，如图 9-38 所示。

图 9-38　查看字幕滚动进程

（9）在"滚动 / 游动选项"对话框中，如果勾选"开始于屏幕外"和"结束于屏幕外"复选框，则字幕将从屏幕底部开始滚入，并直至字幕完全上滚出屏幕结束，这样由于滚动的距离加大，滚动的速度变快，应视需要加长字幕的长度，以保持合适的滚动速度。

　　可以在"滚动 / 游动选项"对话框中更改"字幕类型"，将当前字幕在静止、滚动或游动的字幕类型之间相互转换。

9.8　游动字幕

　　滚动字幕一般只制作上滚的动画，对于特殊需要下落的效果，可以嵌套后倒放。对于游动字幕，Premiere Pro CC 提供了向左和向右两种方向，向左游动字幕也称为"左飞"字幕，较为常用。这里制作一个向左游动的字幕动画，制作步骤如下。

（1）在一个高清的序列时间轴中放置背景图像。

（2）在项目面板中双击前面制作好的"上滚字幕底色块"，打开其字幕面板，单击"基于当前字幕新建字幕"按钮，弹出"新建字幕"对话框，命名为"游动字幕底色条"，单击"确定"按钮新建字幕，然后在新字幕中调整矩形块的颜色、大小和位置，制作成一个位于屏幕底部的条块，准备在其上放置游动字幕。如图 9-39 所示。

图 9-39　建立字幕并调整矩形

（3）从项目面板中将"游动字幕底色条"字幕拖至时间轴背景素材上面的轨道中。

（4）选择菜单命令"字幕"→"新建字幕"→"默认游动字幕"，新建一个向左的游动字幕，可以从文本文件中复制一段不分行的文字，使用区域文字工具，在视频画面中单击，然后按 Ctrl+V 组合键粘贴文本，并设置字体、大小。游动字幕会在视频区域底部显示有左右的滚动条，将文字的开始位置移至视频区域内，如图 9-40 所示。

图 9-40　建立游动字幕

（5）从项目面板中将游动字幕拖至时间轴上面的轨道中，调整长度可以影响其游动的速度。当游动过快时，延长字幕的出点可以减缓游动的速度。与"滚动"字幕相同，可以在"滚动/游动选项"对话框中设置是否从屏幕外开始和结束到屏幕外等。

9.9　实例：MTV 字幕动画

这里制作一个 MTV 的字幕效果，MTV 中主要有两类不同形式的字幕，一类为普通的唱词显示，像解说词一样显示出来，但可以添加一些模糊或飘入、飘出等效果；另一类为跟唱使用的有进度提示的动态字幕。这里制作后一类字幕动画，效果如图 9-41 所示。

图 9-41　实例效果

1. 新建项目、序列并导入素材

（1）新建项目文件，并打开"新建序列"对话框，将预设选择为 DV-PAL 下的标准 48kHz，将序列的名称命名为"牧歌"。

（2）将准备好的"牧歌 .wav"音乐文件和 12 个相关的图像素材一同导入到项目面板中，如图 9-42 所示。

图 9-42 素材画面

2．放置音频和添加标记点

将"牧歌.wav"音频从项目面板拖至时间轴的 A1 轨道中，展开轨道以显示音频的波形，按"\"键自动匹配在时间轴中的宽度显示比例。按空格键开始监听，在每句歌词的开始位置按一下 M 键，在时间轴标尺上添加标记点。这里所监听的音频开始部分为前奏，在 16 秒处开始唱第一句，所添加的标记点依次为第 16 秒、第 24 秒、第 32 秒和第 40 秒处，如图 9-43 所示。

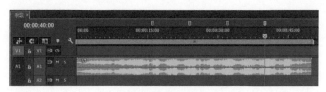

图 9-43 添加标记

3．根据音乐节奏和歌词内容放置画面素材

（1）这里音乐较为舒缓，适合配上慢一点的镜头变化。根据音乐的节奏和歌词内容，从项目面板中将素材画面放置到 V1 轨道中，分别以 2 ～ 5 秒不等的长度放置和连接，如图 9-44 所示。

图 9-44 放置素材画面

（2）由于音乐是舒缓的长调，因此可以在片段之间添加渐变的过渡。确认 V1 轨道为激活的高亮状态，将时间移至第一、二个片段之间，按 Ctrl+D 组合键添加一个默认的"交叉溶解"过渡效果。然后用同样的方式，将时间移至其余的各个片段之间，按 Ctrl+D 组合键添加过渡效果，如图 9-45 所示。

图 9-45 添加过渡

4．建立标题字幕

（1）按 Ctrl+T 组合键新建字幕，命名为"标题"。在打开的字幕面板中，建立文字"牧歌"，在右侧的字幕属性面板中设置字体、大小，填充颜色，勾选"阴影"，将阴影的颜色设为白色、"不透明度"设为100%、"距离"为5。再建立另外一行文字"内蒙古民歌"，与以上设置不同的是，"字体大小"为45，"距离"设为4。将两个文字水平居中放置到适当的高度，如图 9-46 所示。

图 9-46　建立标题字幕

（2）从项目面板中将"标题"字幕拖至时间轴 V2 轨道的开始处，将出点拖至第 10 秒处，在 V2 轨道选中"标题"字幕，按 Ctrl+D 组合键，在其入点和出点添加"交叉溶解"过渡效果，如图 9-47 所示。

图 9-47　添加过渡

5．建立歌词字幕

（1）先对歌词进行划分，这里划分为"蓝蓝的天空"、"上飘着白云"、"白云的下面"和"跑着雪白的羊群"4 句，准备建立 4 句字幕。为了简化制作，可以先建立一个在屏幕中居中的字幕，然后在这个字幕的基础上，创建其余的字幕。另外，MTV 的字幕随着演唱进度应逐字变色，这里对每句歌词都要建立白色和蓝色两种文字颜色。

（2）按 Ctrl+T 组合键新建字幕，命名为"歌词 01 白色"，在打开的字幕面板中，建立文字"蓝蓝的天空"，在右侧的字幕属性面板中设置字体、大小，"填充"下的"颜色"为白色，展开"描边"，在"外描边"后单击"添加"，添加一个外描边，将"大小"设为30，将"颜色"设为黑色，将文字居中放置，如图 9-48 所示。

图 9-48   建立白色歌词字幕

（3）单击字幕面板上部的▣按钮，基于当前字幕建立新字幕，命名为"歌词01蓝色"，然后将"填充"下的"颜色"设为蓝色，RGB 为（0, 0, 255），将"外描边"下的"颜色"设为白色，如图 9-49 所示。

（4）基于"歌词01白色"字幕建立"歌词02白色"、"歌词03白色"和"歌词04白色"字幕，修改其中的歌词即可。同样，基于"歌词01蓝色"字幕建立"歌词02蓝色"、"歌词03蓝色"和"歌词04蓝色"字幕，修改其中的歌词即可。

图 9-49   建立蓝色歌词字幕

6. 放置歌词字幕

（1）从项目面板中将"歌词01白色"和"歌词02白色"字幕拖至时间轴的 V3 和 V2 轨道中，入点为连接在标题之后的第 10 秒处，出点设置为每句唱完后延长 1 秒的位置。根据标记点，设置"歌词01白色"字幕出点为 25 秒，"歌词02白色"字幕出点为 33 秒，如图 9-50 所示。

图 9-50　放置白色字幕

（2）依次选中这两个字幕，在效果控件面板中设置上下行的位置，如图 9-51 所示。

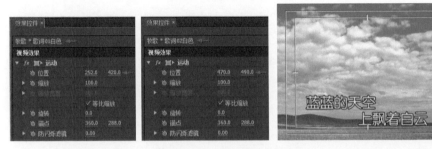

图 9-51　调整白色字幕位置

（3）然后将"歌词 03 白色"和"歌词 04 白色"字幕拖至时间轴中，连接在对应的歌词之后，出点与音频一致，如图 9-52 所示。

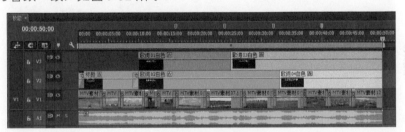

图 9-52　放置其他白色字幕

（4）在"歌词 01 白色"字幕上右击，选择快捷菜单命令"复制"（快捷键为 Ctrl+C 组合键），在"歌词 03 白色"字幕上右击，选择快捷菜单命令"粘贴属性"（快捷键为 Ctrl+Alt+V 组合键），这样将包括位置设置的属性应用到"歌词 03 白色"字幕上。

（5）同样，将"歌词 02 白色"字幕属性粘贴到"歌词 04 白色"字幕上，因为字数的不同，需要调整一下水平位置，如图 9-53 所示。

图 9-53　设置其他白色字幕位置

（6）将"歌词01蓝色"字幕拖至V5轨道中，设置入出点与"歌词01白色"一致。再将"歌词02 蓝色"字幕拖至 V4 轨道中，设置其入出点与"歌词 02 白色"一致。同样再放置"歌词 03 蓝色"和"歌词 04 蓝色"字幕到对应位置，如图 9-54 所示。

图 9-54　放置蓝色字幕

（7）方法同前，复制白色字幕粘贴其属性到对应的字幕上，这样蓝色字幕在上面与白色字幕重叠，如图 9-55 所示。

图 9-55　设置蓝色字幕位置

7．建立开始演唱提示图形

（1）在时间轴中将时间移至第一句歌词处，按 Ctrl+T 键新建字幕，命名为"演唱提示"，在"蓝蓝的天空"字幕上方使用▣工具建立一个圆点图形，在右侧的字幕属性面板中设置"填充"下的"颜色"为红色，展开"描边"，在"外描边"后单击"添加"，添加一个外描边，将"大小"设为3，将"颜色"设为白色，如图 9-56 所示。

图 9-56　建立字幕图形

（2）使用选择工具 ，在按住 Alt 键的同时拖动圆点图形，这样生成一个新的副本图形，将其放置在原图形的右侧。用同样的方式共建立 4 个圆点图形，并在字幕左上部大致排列放置，如图 9-57 所示。

（3）框选这 4 个圆点图形，在工具箱"对齐"下单击 按钮使之对齐，在"分布"下单击 按钮使之等距离分布，如图 9-58 所示。

图 9-57 复制图形

图 9-58 对齐和分布图形

8．设置开始演唱提示动画

（1）将"演唱提示"字幕拖至时间轴视频轨道 V6 中，将其入点设为与歌词一致的第 10 秒处，将出点设为开始演唱时的第 16 秒处，如图 9-59 所示。

图 9-59 放置提示图形

（2）为"演唱提示"字幕制作闪动两下的效果，可以简单地在第 10 秒 15 帧处和第 11 秒处分割字幕并删除这一段产生空隙，同样在第 11 秒 15 帧处和第 12 秒处分割字幕并删除这一段产生空隙，这样播放时会产生闪动显示的效果，如图 9-60 所示。

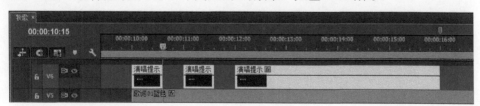
图 9-60 剪辑提示图形

（3）将时间移至第 12 秒处，从效果面板中将"变换"下的"裁剪"效果拖至"演唱提示"字幕上，通过设置"裁剪"效果来制作倒计时的提示动画，如图 9-61 所示。

图 9-61　添加"裁剪"效果

（4）在效果控件面板中，单击"裁剪"，会在节目监视器面板中显示矩形的参考线框，单击"右侧"前面的秒表图标记录关键帧，展开"右侧"下的参数调整滑条，对照线框右侧裁剪圆点图形的状态来调整"右侧"的参数值，设置第 12 秒时为 64%，第 13 秒时为 69%，第 14 秒时为 74%，第 15 秒时为 79%，第 16 秒时为 84%，如图 9-62 所示。

图 9-62　设置效果关键帧

（5）单击"右侧"将其关键帧全部选中，然后在其中一个关键帧上右击，选择快捷菜单命令"定格"，将关键帧全部转变为定格关键帧，这样产生圆点图形逐个跳动消失的动画，而不再显示为从右侧逐渐剪裁消失的动画方式，如图 9-63 所示。

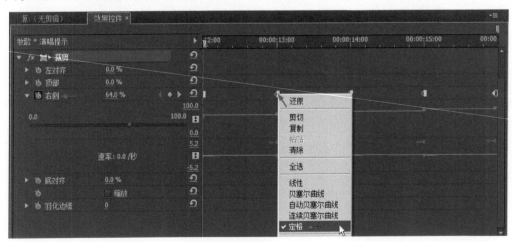

图 9-63　设置定格关键帧

9．设置歌词演唱进度动画

（1）在完成"演唱提示"字幕的动画制作之后，可以使用相同的方法来制作歌词演唱进度动画，有所区别的是剪裁方式不同，歌词演唱进度的关键帧为逐渐剪裁的动画方式，而不是定格关键帧。

　　从效果面板中将"变换"下的"裁剪"效果拖至"歌词 01 蓝色"字幕上，将时间移至开始演唱的第 16 秒处。在效果控件面板中单击"裁剪"，这样在节目监视器面板中显示矩形的参考线框。

　　单击"左对齐"前面的秒表图标记录关键帧，展开"左对齐"下的参数调整滑条，对照线框左侧裁剪字幕的状态以调整效果的"右对齐"参数值，设置第 16 秒时为 30%，第 24 秒时为 71%，如图 9-64 所示。

图 9-64　为歌词字幕添加"裁剪"效果

　　（2）播放动画效果，第一句歌词从开始唱到唱完，蓝色字幕逐渐向右剪裁过渡为下层的白色字幕。由于歌词的演唱进度并不是均速的，因此需要逐字检查进度的快慢，并及时调整"左对齐"的数值。这里在第 20 秒 10 帧处调整"左对齐"为 55%，在 21 秒 10 帧处调整"左对齐"为 63%，如图 9-65 所示。

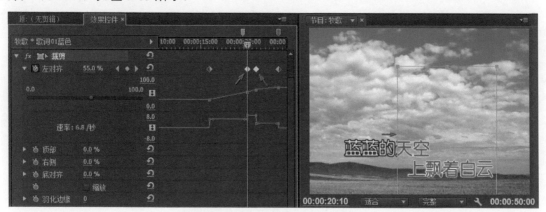

图 9-65　调整效果进程关键帧

　　（3）设置完第一句歌词的演唱进度动画，其余的字幕也不难制作了，接下来为剩下的蓝色字幕添加"裁剪"效果，并设置"左对齐"的剪裁动画，完成字幕 MTV 的字幕动画制作。为了便于制作剪裁进度动画，应注意以下三点：① 确认选中"裁剪"效果，以在节目监视器面板中显示出矩形的参考线框。② 将节目监视器面板中的视图尽可能放大到 100%，便于准确查看字幕的剪裁进度。③ 将效果控件面板拉宽，以增大"左对齐"下的参数调整滑条的长度，这样调整参数将更加轻松和准确。其他歌词的演唱进度动画设置如图 9-66 所示。

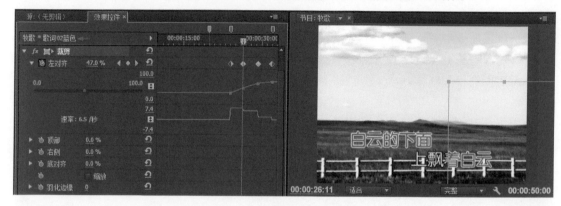

（a）

（b）

（c）

图 9-66　调整效果进程关键帧

思考与练习

一、思考题

1. 建立字幕样式有什么好处？如何建立？

2. 字幕中的多个图形和文字如何整齐地摆放？

3．滚动字幕速度太多如何解决？

4．要建立多句唱词，怎样能实现快捷和统一？

二、练习题

1．排版一篇有标题、分段落的文字。

2．制作一个节目结束时的上滚字幕。

3．结合过渡或效果制作一个数字的倒计时动画效果。

第 10 章

音 频 编 辑

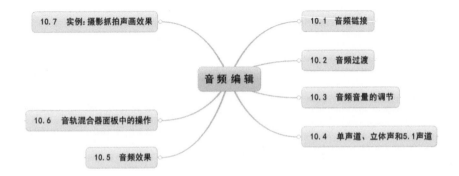

10.7 实例：摄影抓拍声画效果

10.1 音频链接

10.2 音频过渡

音 频 编 辑

10.3 音频音量的调节

10.6 音轨混合器面板中的操作

10.4 单声道、立体声和5.1声道

10.5 音频效果

通常，Premiere Pro 被称作视频编辑软件，不过很多视频素材中都包含音频部分，Premiere Pro 中也是对视频和音频一同进行编辑的，只是习惯上只提其中主要针对的视频部分。好的影视作品，画面与声音密不可分，缺一不可。Premiere Pro 中对音频的编辑方法与视频相似。音频素材在时间轴中被放置在与视频相对应的下部音频轨道中，对视频素材进行操作的剪辑工具对音频素材同样有效，可以对其进行分割、移动、调整入 / 出点等操作，可以对音频素材添加音频过渡、音频效果，可以将音频与视频链接在一起，或者取消链接。在 Premiere Pro 中可以对常用的音频格式进行大多数的编辑，而一些特殊的效果或制作则需要用专门的音频软件，如 Adobe Audition 等进行制作。

10.1 音频链接

包含有音频的视频素材在放置到时间轴中时，会将素材片段分成两部分放置到视频轨道与音频轨道中，时间范围相同。可以展开音频轨道，显示出音频波形。单击"时间轴显示设置"按钮，在弹出菜单中可以选择显示音频的相关信息，如果音频中不显示名称，可以在此菜单中勾选"显示音频名称"。如图 10-1 所示。

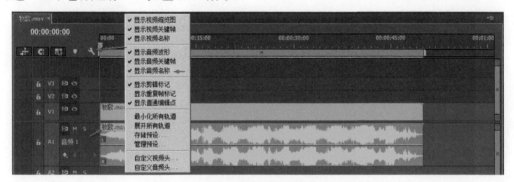

图 10-1 视 / 音频素材在时间轴中的显示

在时间轴右上角单击下拉按钮弹出菜单，勾选"显示音频时间单位"可以用音频的最小单位来显示标尺刻度，但通常在制作中不勾选该选项，以视频的帧作为时间轴的最小单位。可以勾选"调整的音频波形"来改变音频的波形显示，如图 10-2 所示。

将视 / 音频素材放置到时间轴中，视频与音频链接在一起，在剪辑操作中默认一起被选中，一起被拖移、一起改变入 / 出点或分割。可以在素材上右击，选择快捷菜单命令"取消链接"，将音频与视频分离，这样就可以单独进行操作，如图 10-3 所示。

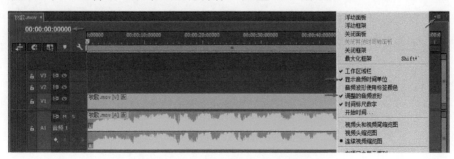

图 10-2 改变时间单位和波形显示

图 10-3　取消链接单独剪辑视频

当分离的视频和音频同时被选中后，可以在右键菜单中选择"链接"命令，将视频和音频重新链接到一起，这样又可以同时对其进行剪辑操作。当原来的视频重新链接出现错位时，在素材片段上将提示错位的帧数，供校正参考，如图 10-4 所示。

图 10-4　链接视 / 音频时的错位提示

在没有分取消链接的情况下，单独调整视 / 音频中一方的入点或出点，可以配合 Alt 键来实现，即按下 Alt 键不放，用鼠标拖动视频或音频中一方的入点或出点即可。

10.2　音频过渡

音频的剪辑与视频有所不同，视频可以频繁地直接切换为不同的画面，而听觉一般需要有一定的延续性，较少将多个片段直接跳接。可以像为视频画面添加"交叉溶解"那样，为音频素材片段添加过渡，过渡可以在两个音频片段之间，也可以在音频的入点或出点处。

例如，一段音频，因为出点被剪切，使用时需要为其出点设置一个声音逐渐降低的缓出效果，可以在出点位置添加一个音频的过渡。确认音频轨道处于高亮的选中状态，将时间指示器移至音频的出点位置，按快捷键 Ctrl+Shift+D 组合键可以在出点位置添加音频默认的"恒定功率"过渡，这样音频逐渐降低，如图 10-5 所示。

图 10-5　添加音频过渡

当将两段音频进行连接时，可以在两者之间像视频一样添加交叉淡化的过渡，即前一段音频音量渐低淡出，后一段音频音量渐高淡入，两者音量改变的时段相互重叠。例如，为一段笑声进行剪辑，制作循环不断的效果，制作时需要参照音频波形来对齐重叠部分的音频，然后为重叠部分添加淡入淡出的过渡，使声音自然衔接，如图 10-6 所示。

图 10-6 对齐节奏并添加交叉的过渡

也可以将时间指示器移至重叠时间的中部，在时间指示器两侧进一步修剪两段音频素材的出点和入点，然后将其放置在同一轨道中添加音频过渡，这与前面在两个轨道中分别添加过渡效果相同，如图 10-7 所示。

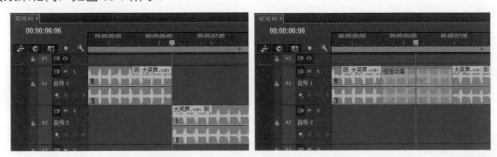

图 10-7 剪辑重叠部分在同一轨道中连接

Premiere Pro CC 中的音频过渡只有三种，在"交叉淡化"之下，分别为"恒定功率"，"恒定增益"和"指数淡化"。先查看前两者的区别，选中音频过渡，在效果控件面板中，查看第一种过渡"恒定功率"的图示，可以很好地观察过渡音频的音量变化，即前一素材音量以下落抛物线的进程缓慢降低，后一素材音量以上升抛物线的进程快速升高。从"效果"面板中将第二种过渡"恒定增益"拖至时间轴的当前过渡上将其替换，在效果面板中查看其图示，音量变化为直线均匀降低和升高的音量变化。如图 10-8 所示。

图 10-8 前两个音频过渡的区别

这里仅通过图标来表示两个过渡的区别，可以看到，这两个过渡有一个明显的区别在于音量曲线的交叉点，前者高后者低，这也会导至细节的问题出现。例如，对音频添加完过渡之后，如果使用第一种"恒定功率"过渡，播放过渡之间的音频时，会出现红色的音量过曝警示，如图 10-9 所示。而使用第二种"恒定增益"过渡播放则没有问题。因此，在制作过程中需要注意防止因音频过渡而出现音频上的技术问题。

图 10-9　过渡引起的音量过曝

弄清前两个过渡的区别及使用时的注意事项，第三个过渡就更容易理解。从效果面板中将第三种过渡"指数淡化"拖至时间轴中的当前过渡上将其替换，播放时可以很明显地听到在过渡时段整体音量降低，即音量变化与第一种过渡"恒定功率"相反，前一素材音量快速降低，后一素材音量缓慢升高。通常，在影片最后的音频结尾处使用"指数淡化"可以得到更好的标志结束的效果。

通过掌握三种过渡的区别之后，就可以为当前这个循环笑声的衔接选择一个最适合的音频过渡了，这里选择第二种过渡"恒定增益"。

提 示

如果需要更改默认的音频过渡种类，可以在效果面板中音频过渡上右击，选择快捷菜单命令"将所选过渡设置为默认过渡"。

10.3　音频音量的调节

音频的编辑中还包括众多的调整操作，例如音量的调整，音频的单声道、立体声和其他多声道的区别，多声道中声像的平衡，以及音频不同格式的导入 / 导出等。

放置到时间轴中的音频素材，音量过高会产生过曝失真，音量过低会影响效果，单凭听觉不容易调整音频到一个合适的音量级别，可以使用 Premiere Pro CC 中的音频增益检测来进行设置。

在时间轴中放置一段音频素材"混音 .wav"，并将其出点缩剪到第 16 秒处，如图 10-10所示。

图 10-10　放置音频素材并剪辑

在音频素材上右击，选择快捷菜单命令"音频增益"，打开"音频增益"对话框，选中"标准化最大峰值："，并将该值设置为 0dB，将当前素材片段中音频的音量改变为音量警示范围内的最大值，单击"确定"按钮后，可以看到素材片段中音频波形的高度变化，如图10-11 所示。

图 10-11 使用自动音频增益

需要说明的是，音频的音量调整需要在整体影片的范围内进行统一安排，而不是在众多片段中按各自单独的标准进行操作。例如，这里的音频素材在未剪辑之前，因为前后的音频存在逐渐增强的效果，就不应该人为提高前一部分的音量。

"音频增益"在实际操作中也需要设置不同的音量级别，例如，将标准化最大峰值修改为 −1 或 −3 等。对于素材片段内某些时间段升高或降低音量的制作，就需要在效果控件面板的"音频效果"下进行添加关键帧等设置。

这里在时间轴中放置"牧歌 .mov"素材，其音频的前一部分为前奏，后一部分为伴奏，这里设置音频在前奏结束之后，将伴奏部分的音量降低。选中音频片段，在前奏即将结束的第 15 秒处，在效果控件面板的"音频效果"下，打开"音量"下"级别"前面的秒表，记录关键帧，此时数值为 0。将时间移至第 16 秒处，将音量降至 −8，如图 10-12 所示。

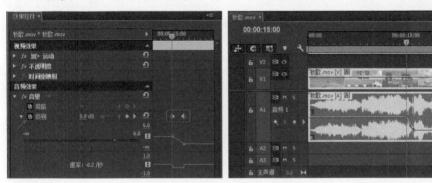

图 10-12 添加音量关键帧

对于前面制作循环笑声的两段音频素材，也可以使用音量关键帧的方法来制作，如图 10-13 所示。

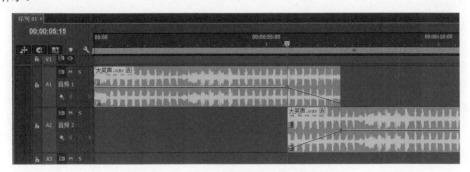

图 10-13 添加交叉音量增减的衔接

对于在音频的出点或入点，同样可以使用关键帧制作音量淡入或淡出的效果。例如，为音频结尾部分添加两个关键帧，将最后一个关键帧设置为最小值，如图 10-14 所示。

同样，可以为音频的关键帧设置贝赛尔曲线类型，在效果控件面板中，在最后一个关键帧上右击，选择快捷菜单命令"贝赛尔曲线"，在关键帧曲线上将显示出调节手柄，对其进行曲线形状的调整，得到一个类似"指数淡化"过渡的淡出效果，如图 10-15 所示。

图 10-14　添加音量淡出关键帧

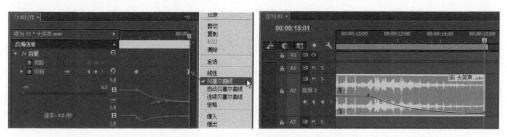

图 10-15　调整关键帧的贝赛尔曲线

10.4　单声道、立体声和 5.1 声道

在向时间轴的音频轨道中添加音频素材时，不同声道类型的音频会使用相应的音频轨道。例如，单声道和立体声道的音频可以放置在默认的 A1 ～ A3 轨道中；在添加 5.1 声道的音频时，会新添加一个 5.1 类型的音轨来放置素材片段。这些不同轨道类型的音频素材可以在同一个序列时间轴中使用，如图 10-16 所示。

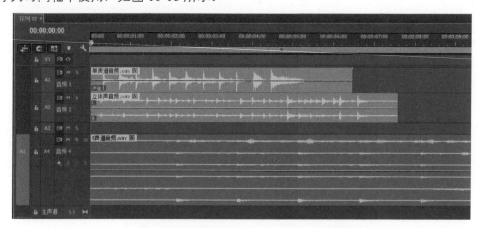

图 10-16　在时间轴放置不同声道的音频

在时间轴中选中一个立体声音频素材片段，在效果控件面板中可以在"声道音量"下对两个声道的音量分别进行调整，可以将其中一个声道音量最小化，形成单声道的效果，或者

设置关键帧制作从一个声道转移至另一个声道的效果，如图 10-17 所示。

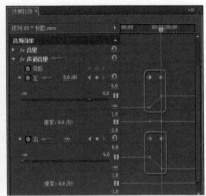

图 10-17 使用"声道音量"效果

立体声音频在效果控件面板中还有"声像器"效果，在其下可以设置声音从一侧声道偏移到另一侧声道的关键帧动画，如图 10-18 所示。

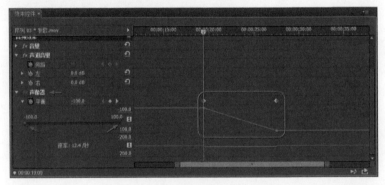

图 10-18 使用"声像器"效果

对于视频中包含的音频，可以将其单独提取出来。方法是，在项目面板选中包含音频的视频素材，选择菜单命令"剪辑"→"音频选项"→"提取音频"。

对于多声道音频，各个声道的音频可以各不相同，将每个声道分离出来，为单独处理某一声道的操作带来方便。方法是，在项目面板中选中音频素材，选择菜单命令"剪辑"→"音频选项"→"拆分为单声道"。例如，将立体声音频拆分为两个独立的声道，将 5.1 声道音频的 6 个声道拆分为 6 个独立的声道，如图 10-19 所示。

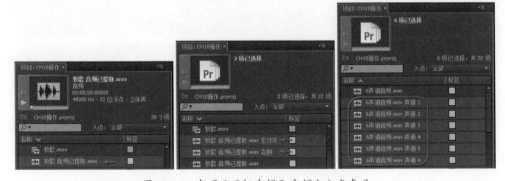

图 10-19 在项目面板中提取音频和分离声道

提 示
  "提取音频"操作将会在计算机磁盘中产生音频文件，而"拆分为单声道"操作则不产生新的文件，只在项目面板中建立依附源音频素材的拆分音频。

  对声道的分离也可以使用"音频声道"命令，在项目面板中选中一个立体声音频文件，这里为"立体声音频 .wav"，选择菜单命令"剪辑"→"修改"→"音频声道"，打开"修改剪辑"对话框，在其中修改音频轨道数为 2，声道格式为单声道，源声道使用"左侧"和"右侧"，单击"确定"按钮。这样再将音频放置到时间轴中时，将会出现两个轨道的音频素材，如图 10-20 所示。

图 10-20　使用"音频声道"命令分离立体声音频声道

提 示
  在时间轴中将所产生的两个轨道的素材取消链接后，就可以进行单独声道的操作。

  对于 5.1 声道也可以使用类似的方法，选择菜单命令"剪辑"→"修改"→"音频声道"，打开"修改剪辑"对话框，在其中设置修改音频轨道数为 6，声道格式为单声道，源声道使用 6 个不同的声道，单击"确定"按钮。这样再将音频放置到时间轴中时，将分出现 6 个轨道的音频素材，取消链接后即可对其中某个音频进行单独的设置，如图 10-21 所示。

图 10-21　使用"音频声道"命令分离 5.1 声道音频声道

  对于序列中编辑的音频，可以导出不同声道或不同格式的音频文件，选择菜单命令"文件"→"导出"→"媒体"（快捷键为 Ctrl+M 组合键），在打开的"导出设置"对话框中先设置源范围，然后选择需要的音频格式，例如导出 .wav 波形音频，或者 AAC 音频、AIFF、MP3 等其他音频格式，选择"单声道"或"立体声"，单击"导出"按钮，渲染导出所命名的音频文件，如图 10-22 所示。

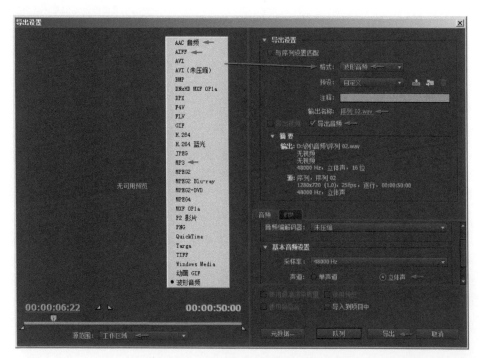

图 10-22 导出不同格式的音频文件

对于主音轨为 5.1 声道的序列，在打开的"导出设置"对话框中可以输出为 5.1 声道的音频文件，选择需要的音频格式，将"声道"选择为 5.1，单击"导出"按钮，渲染导出所命名的音频文件，如图 10-23 所示。

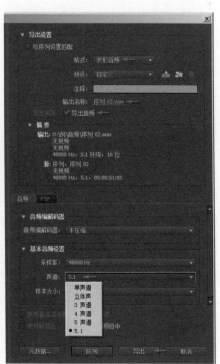

图 10-23 导出 5.1 声道的音频文件

10.5　音频效果

在实际工作中，利用 Premiere Pro 对音频的剪辑、合成的操作较多，而对特殊音频效果处理的情况较少。对于特殊音频效果的处理通常会使用 Adobe Audition 等专注于音频效果的软件去单独处理，在很多情况下可以得到更好的音频质量，例如，音频降噪、改变音频的速度或音调等，再将 Adobe Audition 等音频软件处理好的音频文件导入 Premiere Pro CC 中，进行剪辑、合成的编辑。一些简单的和要求不高的音频效果，可以在 Premiere Pro CC 中制作。

Premiere Pro CC 音频效果的使用与视频效果一样，从效果面板的"音频效果"下，将需要使用的效果拖至时间轴的音频素材片段上，添加音频效果，然后在效果控件面板中对音频效果再做进一步的设置。音频效果中有可以用来制作延迟、回响、消除噪声、模拟收音机播放、变化音调等多种用途的效果。以下仅对 Premiere Pro CC 中的部分音频效果做简要介绍。

平衡效果：可用于控制左、右声道的相对音量。正值增加右声道的比例，负值增加左声道的比例。此效果仅适用于立体声剪辑。

带通效果：移除在指定范围外发生的频率或频段。此效果适用于 5.1、立体声或单声道剪辑。

低音效果：用于增大或减小低频（200Hz 及更低）。此效果适用于 5.1、立体声或单声道剪辑。

声道音量效果：用于独立控制立体声或 5.1 剪辑或轨道中的每条声道的音量。每条声道的音量级别以分贝（dB）衡量。

合唱效果：通过添加多个短延迟和少量反馈，模拟一次性播放的多种声音或乐器，其结果将产生丰富动听的声音。可以使用合唱效果来增强声轨或将立体声空间感添加到单声道音频中，也可将其用于创建独特效果。

消除嘀嗒声效果：用于消除来自音频信号的多余嘀嗒声。嘀嗒声通常由胶片剪辑拼接不良或音频素材数字编辑不良造成。通常，消除嘀嗒声效果对于因敲击麦克风而产生的小爆破声非常有用。

消除爆破音效果：从声源（如 16 毫米和 35 毫米胶片配乐以及虫胶或乙烯基唱片）中消除爆破音。

消除齿音效果：消除齿音和其他高频"SSS"类型的声音，这类声音通常是在解说员或歌手发出字母"s"和"t"的读音时产生的。此效果适用于 5.1、立体声或单声道剪辑。

消除嗡嗡声效果：从音频中消除不需要的 50Hz/60Hz 嗡嗡声。此效果适用于 5.1、立体声或单声道剪辑。

延迟效果：添加音频剪辑声音的回声，用于在指定时间量之后播放。此效果适用于 5.1、立体声或单声道剪辑。

降噪器效果：自动检测磁带噪音并将其消除。使用此效果可以从模拟录音（如磁带录音）中消除噪声。此效果适用于 5.1、立体声或单声道剪辑。

动力学效果：提供的一组控件可组合使用或单独用于调整音频。可以使用"自定义设置"视图中的图形控件，或在"各个参数"视图中调整值。此效果适用于 5.1、立体声或单声道剪辑。

均衡效果：充当参数均衡器，意味着其使用多个频段控制频率、带宽和电平。此效果包括三个完全参数化的中间频段、一个高频段和一个低频段。在默认情况下，低频段和高频段为倾斜滤镜。增益在频率上保持恒定。"剪切"控件将低频段和高频段从倾斜滤镜切换到屏蔽滤镜。增益固定为每 8 度 -12dB 并在屏蔽模式下停用。

镶边效果：镶边是一种音频效果。通过混合与原始信号大致等比例的可变短时间延迟，产生这种效果。最初实现此效果的方法是将相同的音频信号发送到两台盘式磁带录音机中，然后按下一个卷盘的凸缘以使其减速。合并两段产生的录音后就形成相移的延时效果，具有 20 世纪 60 年代和 70 年代的迷幻音乐特征。镶边效果通过以特定或随机间隔略微对信号进行延迟和相位调整来创建类似的结果。

高通和低通效果：高通效果用于消除低于指定"屏蔽度"频率的频率。低通效果用于消除高于指定"屏蔽度"频率的频率。高通和低通效果适用于 5.1、立体声或单声道剪辑。

反转（音频）效果：反转所有声道的相位。此效果适用于 5.1、立体声或单声道剪辑。

多频段压缩器效果：是一种三频段压缩器，其中有对应每个频段的控件。当需要更柔和的声音压缩器时，可使用此效果代替"动力学"中的压缩器。可以使用"自定义设置"视图中的图形控件，或在"各个参数"视图中调整值。"自定义设置"视图在频率面板中显示 3 个频段（低、中、高）。通过调整补偿增益和频率范围所对应的手柄，可以控制每个频段的增益。中频段的手柄用于确定频段的交叉频率，拖动手柄可调整相应的频率。此效果适用于 5.1、立体声或单声道剪辑。

多功能延迟效果：为剪辑中的原始音频添加最多 4 个回声。此效果适用于 5.1、立体声或单声道剪辑。

消频效果：消除位于指定中心附近的频率。此效果适用于 5.1、立体声或单声道剪辑。

参数均衡效果：增大或减小位于指定中心频率附近的频率。此效果适用于 5.1、立体声或单声道剪辑。

移相器效果：接收输入信号的一部分，使相位移动一个变化的角度，然后将其混合回原始信号。结果是部分取消频谱，给移相器提供与众不同的声音。

变调效果：调整输入信号的音调。使用此效果可加深高音或反之。可以使用"自定义设置"视图中的图形控件或通过更改"各个参数"视图中的值来调整每个属性。此效果适用于 5.1、立体声或单声道剪辑。

混响效果：通过模拟室内音频播放的声音，为音频剪辑添加气氛和温馨感。使用"自定义设置"视图中的图形控件，或在"各个参数"视图中调整值。此效果适用于 5.1、立体声或单声道剪辑。

互换声道效果：切换左、右声道信息的位置。仅适用于立体声剪辑。

高音效果：可用于增高或降低高频（4000Hz 及以上）。"提升"控件指定以分贝为单位的增减量。此效果适用于 5.1、立体声或单声道剪辑。

音量效果：如果想在其他标准效果之前渲染音量，应使用音量效果代替固定音量效果。音量效果为剪辑创建包络，以便可以在不出现剪去峰值的情况下增大音频音量。当信号超过硬件所能接收的动态范围时，就会发生剪峰，通常导致音频失真。正值表示增加音量；负值表示降低音量。音量效果仅适用于 5.1、立体声或单声道轨道中的剪辑。

10.6 音轨混合器面板中的操作

Premiere Pro CC 的音轨混合器具有调音台的功能，可以选择菜单命令"窗口"→"音轨混合器"将其面板显示出来。在音轨混合器面板中将显示当前序列中的所有音轨，包括各个音轨混音后的合成输出音轨主声道。当 A1 ～ A3 这三个音轨中都有音频素材时，单击"静音轨道"按钮可以将当前音轨的音量关闭，单击"独奏轨道"按钮可以只播放当前音轨而关闭音轨，如图 10-24 所示。

图 10-24　在音轨混合器面板中使用静音和独奏

"独奏轨道"按钮也可以同时打开多个，当同时打开"静音轨道"按钮和"独奏轨道"按钮时，"静音轨道"按钮将优先。与音轨混合器面板相对应，在时间轴中的轨道也显示相应的开关，如图 10-25 所示。

图 10-25　测试静音优先于独奏的效果并查看时间轴对应的开关状态

在音轨混合器面板中可以调节左、右声像平衡，例如，在主声道为立体声序列的时间轴中，可以对 A1 音轨中的单声道音频只输出音频到主声道的左声道。可以将 A3 音轨中的立体声音轨中的左声道输出音频到主声道的左声道中，其中立体声音轨中左、右声道的内容有可能不同，如图 10-26 所示。

当多轨音频混合时，需要注意，其混音后的主声道音量会增大，当出现红色的警示时，应对相应的音轨进行音量的调节，例如，可以视需要降低 A1 和 A2 轨道的音量，也可以降低主声道的音量，如图 10-27 所示。

图 10-26　调节单声道与立体声的左、右声像平衡

图 10-27　控制音量的调节

在音轨混合器面板中还可以进行音轨的录音操作，录音时需要同时使用两个按钮，音轨上部的"启用轨道以进行录制"按钮和面板下部红色的"录制"按钮。在默认状态下，首次使用"启用轨道以进行录制"按钮时，可能会弹出提示对话框，如图 10-28 所示。

图 10-28　首次启用轨道录制时可能弹出的提示

此时选择菜单命令"编辑"→"首选项"→"音频硬件"，在打开的首选项面板的"音频硬件"类别中，单击"ASIO 设置"按钮，弹出"音频硬件设置"对话框，切换到"输入"

选项卡，勾选"麦克风"复选框，如图 10-29 所示。

图 10-29 在首选项面板中进行音频硬件设置

选择要录制的音轨，打开音轨上部的"启用轨道以进行录制"按钮和面板下部红色的"录制"按钮，按空格键或单击"播放"按钮，进行实时的播放，在播放过程中可以同步进行麦克风输入的音频录制。录制完成后，按空格键或单击"停止"按钮结束录制，时间轴中的录制音轨会显示出录制的音频，如图 10-30 所示。

图 10-30 在音频轨道中录音

10.7 实例：摄影抓拍声画效果

本实例利用手持相机素材、马奔跑的素材、对焦屏幕动画素材和拍摄声效素材，制作抓拍运动镜头的视 / 音频效果，其中对视频和音频进行了紧密的对位操作，实例效果如图 10-31 所示。

图 10-31 实例效果

1. 在新建项目中导入素材

（1）启动 Premiere Pro CC 软件，新建项目文件。

（2）将准备好的视频和音频素材文件导入到项目面板中，素材如图 10-32 所示。

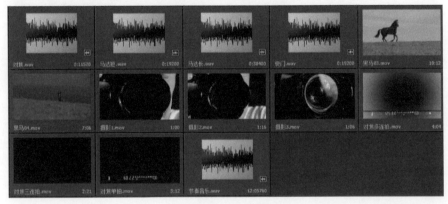

图 10-32 素材画面

2. 新建序列和放置素材

（1）新建序列（Ctrl+N 组合键），在打开的"新建序列"对话框中，将预设选择为 HDV 720p25，将序列的名称命名为"摄影抓拍效果"。

（2）从项目面板中将人物摄影动作的视频拖至 V2 轨道中将马的素材拖至 V1 轨道中。其中，"摄影 1.mov"、"黑马 04.mov"、"摄影 2.mov"和"黑马 03.mov"前后连接，"摄影 3.mov"放置在第 13 秒的位置，如图 10-33 所示。

图 10-33 放置素材

（3）从项目面板中将"对焦单拍 .mov"、"对焦三拍 .mov"和"对焦多拍 .mov"放置在 V3 轨道中，分别连接在 3 个人物摄影动作的素材之后，如图 10-34 所示。

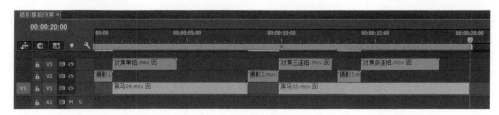

图 10-34　放置素材

3. 单张抓拍画面的快门画面和声效

（1）为"黑马 04.mov"挑选一个较好姿势的时间点，在拍照时显示为静帧的画面，这里选择第 5 秒 20 帧处，按 M 键为素材片段添加一个标记点，如图 10-35 所示。

图 10-35　选择静帧画面并添加标记点

> **提 示**
>
> 如果轨道中素材片段有标记点，当轨道高度最低时，标记点会被隐藏，此时就需要增加轨道的高度才能显示出来。

（2）在"对焦单拍 .mov"素材片段中找到拍摄时按下快门产生闪白效果的时间点，添加一个标记点，这里为第 4 秒 03 帧处，按 M 键为素材片段添加一个标记点，如图 10-36 所示。

图 10-36　为对焦素材添加标记点

（3）选中这两个添加了标记点的片段，在其上右击，选择快捷菜单命令"同步"，如图 10-37 所示。

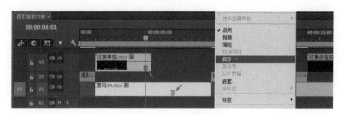

图 10-37　同步素材

（4）在弹出的"同步剪辑"对话框中，将"同步点"选择为"剪辑标记"，然后单击"确定"按钮，这样，两个素材将按所添加的标记点进行自动对齐，如图 10-38 所示。

（5）在"黑马 04.mov"的标记点处分割开片段，然后在其 10 帧之后再分割开片段，这样准备为标记点之后的这 10 帧画面制作拍摄时的定格画面效果，如图 10-39 所示。

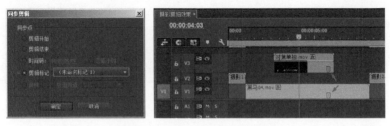

图 10-38　按标记点同步画面

图 10-39　分割素材

（6）确认时间指示器位于标记点处，即这 10 帧片段的入点位置，在这 10 帧的片段上右击，选择快捷菜单命令"添加帧定格"，将这 10 帧片段定格为入点时间位置的画面，如图 10-40 所示。

图 10-40　设置定格画面

（7）因为"对焦单拍.mov"素材片段的时间较短，需要将其画面始终叠加在"黑马 04.mov"的画面上，这里对其出点用制作定格画面的方法进行延长。将时间移至"对焦单拍.mov"素材片段尾部最后一幅画面上，即当前时间轴的第 6 秒 03 帧位置，在其上右击，选择快捷菜单命令"添加帧定格"，如图 10-41 所示。

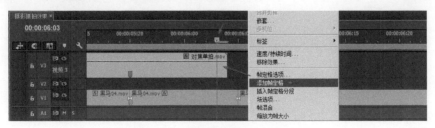

图 10-41　为对焦素材添加帧定格

（8）这样在当前时间位置分割开"对焦单拍.mov"素材片段，右侧分割出尾部 1 帧的片段，如图 10-42 所示。

图 10-42　对焦素材被分割和添加定格

（9）用鼠标将"对焦单拍.mov"尾部的 1 帧片段向右拉长与"黑马 04.mov"的出点位置对齐，如图 10-43 所示。

图 10-43　调整定格画面出点

（10）查看按下快门后曝光与画面定格 10 帧的动画效果，并在此后延长的摄影标记一直叠加在视频画面上，如图 10-44 所示。

图 10-44　定格画面效果

（11）从项目面板中将"快门.wav"拖至时间轴的 A1 轨道中，对应放置在标记点的位置，如图 10-45 所示。

图 10-45　对应放置快门声效

（12）同样，为"对焦单拍.mov"前面不足的时间段设置延长的画面，叠加在下面视频之上。这里在时间轴的第 2 秒 20 帧处分割"对焦单拍.mov"，并选中左侧片段，在分割的时间处右击，选择快捷菜单命令"添加帧定格"，然后将入点向左拖动到与"黑马 04.mov"入点对齐的位置，如图 10-46 所示。

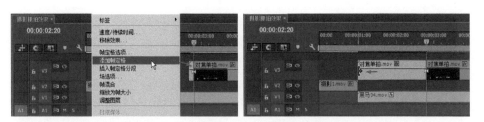

图 10-46　添加定格和延长对焦素材的前一部分

4．单张抓拍画面的对焦声效

（1）为"对焦单拍 .mov"添加对焦声效，先找出对焦提示动画的时间位置，即其画面中左下角的绿色圆点闪烁后长亮的时间点，例如这里的第 3 秒 01 帧位置，如图 10-47 所示。

图 10-47　找出对焦提示动画的时间位置

（2）从项目面板中将"对焦 .wav"拖至第 3 秒 01 帧的音频轨道中，为对焦指示动画配上对应的声效。同样，第 5 秒也为绿色圆点闪烁后长亮的时间点，在此位置也添加一个"对焦 .wav"的声效，如图 10-48 所示。

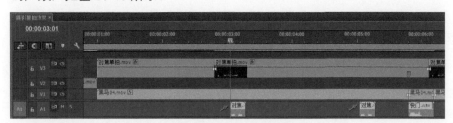

图 10-48　对应放置对焦声效

5．单张抓拍画面的马达动画和声效

（1）再为画面中的对焦和快门之间声效空闲的时间段添加变焦时的马达声效。这里在第 3 秒 17 帧和第 4 秒 05 帧位置，分别向音频轨道中添加"马达短 .wav"和"马达长 .wav"声效片段，如图 10-49 所示。

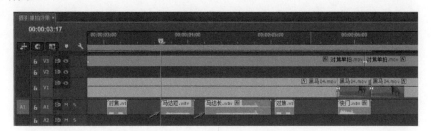

图 10-49　添加马达声效

（2）与马达声效相对应，需要为被拍摄的素材画面制作变焦时被推近或拉远的效果，这

里为"黑马 04.mov"制作缩放的关键帧动画。选中"黑马 04.mov"素材片段，在效果控件面板中，设置其"缩放"在第 3 秒 17 帧时为 100，在第 4 秒 02 帧时为 150，在第 4 秒 07 帧时为 150，在第 4 秒 20 帧时为 100，如图 10-50 所示。

图 10-50　设置缩放动画关键帧

（3）可以在时间轴中的素材片段上显示出关键帧，更直观地查看与声效位置的对应关系。在"黑马 04.mov"素材片段上右击，选择快捷菜单命令"显示剪辑关键帧"→"运动"→"缩放"，并增加轨道的显示高度，显示出关键帧，如图 10-51 所示。

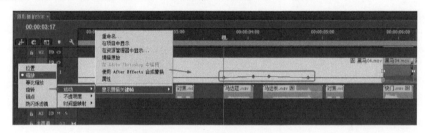

图 10-51　在时间轴显示关键帧

（4）此时画面在马达声效中先放大，然后缩小，如图 10-52 所示。

图 10-52　配合马达声效的画面动画

（5）配合变焦马达的声效与画面的缩放，再为画面添加变焦时产生的瞬间模糊效果。从效果面板中展开"视频效果"，在"模糊与锐化"下将"相机模糊"拖至"黑马 04.mov"上，对照"缩放"关键帧的时间位置，设置"百分比模糊"的第 1 个关键帧为 0，第 2 个关键帧为 4，第 3 个关键帧为 10，第 4 个关键帧为 0，如图 10-53 所示。

图 10-53　添加模糊动画

（6）这样，制作了变焦时产生的画面模糊效果，如图 10-54 所示。

图 10-54　画面的变焦模糊效果

6．三张连拍画面的动画和声效

（1）在"对焦三连拍 .mov"素材中找出按下快门时的三个闪白效果画面，并在这三个时间位置添加标记点，如图 10-55 所示。

图 10-55　为对焦素材添加标记点

（2）对应闪白时间位置的标记点，为其下的"黑马 03.mov"视频也添加三个标记点，然后分割出三个片段准备制作定格画面，其中为后一个标记点在下一组镜头的第 13 秒位置分割片段。然后依次在被分割开的三个片段入点位置，在各片段上右击，选择快捷菜单命令"添加帧定格"，制作出三个定格画面，如图 10-56 所示。

图 10-56　为视频设置对应的定格画面

（3）"对焦三连拍 .mov"的素材长度较短，用同样的方法为其尾部添加帧定格，并拉长使之与下面的视频出点对齐，如图 10-57 所示。

图 10-57　为对焦素材的尾部设置定位画面并延长出点

（4）从项目面板中将"快门.wav"拖至时间轴音频轨道中，放在与三个标记点对应的位置。然后查找对焦提示的时间位置，添加"对焦.wav"声效到音频轨道中，如图 10-58 所示。

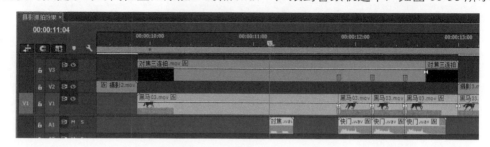

图 10-58　对应放置对焦和快门声效

7. 多张连拍画面的动画和声效

（1）在"对焦多连拍.mov"素材中找出按下快门时的多个闪白效果画面，并在时间位置添加标记点，如图 10-59 所示。

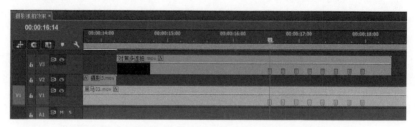

图 10-59　为对焦素材和对应的视频画面添加标记点

（2）对应闪白时间位置的标记点，为其下的"黑马 03.mov"视频也添加相应的标记点，然后分割出多片段准备制作定格画面，其中为后一个标记点在 13 帧长度之后位置分割片段。然后依次在这些被分割开的片段入点位置，在各片段上右击，选择快捷菜单命令"添加帧定格"，制作出多个对应的定格画面，如图 10-60 所示。

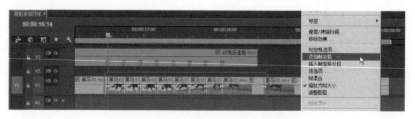

图 10-60　在对应的时间设置定格画面

（3）"对焦多连拍.mov"的素材长度较短，用同样的方法为其尾部添加帧定格，并拉长使之与下面的视频出点对齐。如图 10-61 所示。

图 10-61　为对焦素材的尾部添加定格并对齐出点

（4）从项目面板中将"快门.wav"拖至时间轴音频轨道中，放置多个，放置在与这些标记点对应的位置。然后查找对焦提示的时间位置，添加"对焦.wav"声效到音频轨道中，如图 10-62 所示。

图 10-62　添加对应的声效

8. 拼接背景音乐

（1）从项目面板中将"节奏音乐.wav"拖至时间轴声效轨道之下的 A2 轨道中，此时长度较短，如图 10-63 所示。

图 10-63　添加背景音乐

（2）"节奏音乐.wav"有重复的节奏，向 A3 轨道中再拖入一个"节奏音乐.wav"，与 A2 中的音频部分重叠，通过监听和音频波纹的查看，将节奏对齐，并在音频素材中按 M 键添加标记点，如图 10-64 所示。

图 10-64　对齐节奏波形

可以增加音频轨道的高度，更清晰地查看音频波形。

（3）选中前一个音频素材，在标记点的前、后为其添加"音量"渐落的关键帧，选中后一个音频素材，在标记点的前、后为其添加"音量"渐起的关键帧，如图 10-65 所示。

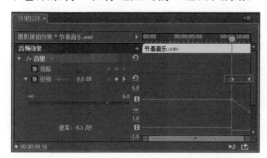

图 10-65 设置衔接处的音量的渐落与渐起的关键帧

（4）在时间轴中可以显示出音频关键帧，对齐渐落和渐起的关键帧时间段，这样可以使两段音频得到平滑无痕的衔接，如图 10-66 所示。

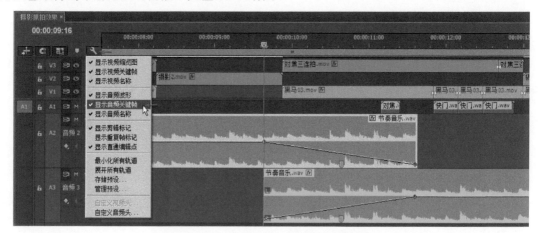

图 10-66 在时间轴中显示素材关键帧

（5）将时间指示器移至音频的结尾处，单击音频所在的轨道，将其切换为高亮的选择状态，按 Ctrl+Shift+D 组合键，添加默认的"恒定功率"过渡，将使音量渐低。这样完成实例的制作，如图 10-67 所示。

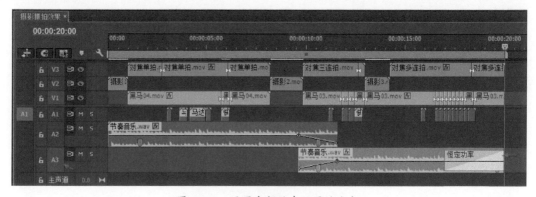

图 10-67 设置音频结束位置的淡出

思考与练习

一、思考题

1．三种音频过渡有何区别？

2．怎样确保音频的音量不超标？

3．在立体声的序列时间轴中，单声道或 5.1 声道中的音频能不能编辑使用？

4．制作循环音乐有哪些要点？

二、练习题

1．制作一段从左到右有方向感的立体声音频效果。

2．找出一段节奏音乐，将其制作成循环的音乐。

第 11 章

调 色 效 果

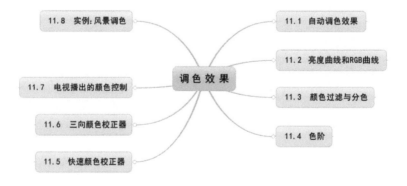

11.8 实例: 风景调色

11.7 电视播出的颜色控制

11.6 三向颜色校正器

11.5 快速颜色校正器

调 色 效 果

11.1 自动调色效果

11.2 亮度曲线和RGB曲线

11.3 颜色过滤与分色

11.4 色阶

调色是视频制作中的一项重要内容，针对影视的不同用途，对画面颜色质量的要求也有高低的区别。Premiere Pro CC 有众多调色效果可以使用，可以完成大多数制作的调色需求。对于一些要求较高的影视制作则需要专门调色的软硬件和专业调色师来进行。本章对 Premiere Pro CC 常用的多种调色效果进行介绍和演示。

Premiere Pro CC 的调色效果分布在效果面板"视频效果"下的"图像控制"、"调整"和"颜色校正"下。如果觉得每次选择调色效果都要从多个效果组素材箱下展开比较麻烦，也可以在效果面板下部单击"新建自定义素材箱"按钮，建立一个自定义的"我的调色效果"文件夹，将这些效果统一放入"我的调色效果"中，这样在以后只需展开这一个自定义效果组即可，如图 11-1 所示。

图 11-1　3 个调色效果组及自定义的效果组

11.1　自动调色效果

调色是一个综合性的技术操作，需要先从基础简单的效果学起，本节挑选出最简单的几种调色效果来进行"一键完成"的调色操作。先将视频放置到时间轴的视频轨道中，准备为其添加不同的调色效果，如图 11-2 所示。

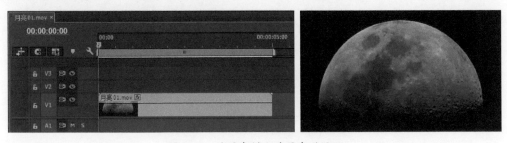

图 11-2　放置素材和其原来的画面

（1）"黑白"效果。将"图像控制"下的"黑白"效果拖至时间轴的素材上，原素材上的色彩变成黑白的效果，在效果控件面板中可以看到这是一个最简单的效果，没有任何设置，如图 11-3 所示。

（2）"自动对比度"效果。将"调整"下的"自动对比度"效果拖至时间轴的素材上，这个效果对原素材的对比度进行快速的自动校正，这里原素材较弱的对比度得到了校正，如

图 11-4 所示。

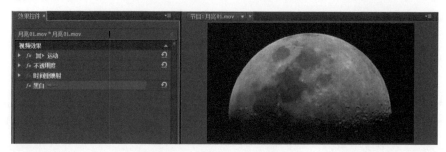

图 11-3 添加"黑白"效果

图 11-4 添加"自动对比度"效果

提 示

与"自动对比度"效果相似，还有"自动色阶"效果和"自动颜色"效果，可以分别对素材进行对应效果的快速自动校正。

（3）"阴影/高光"效果。将"调整"下的"阴影/高光"效果拖至时间轴的素材上，这个效果可以减少高光和提高阴影亮度，适合清晰地显示整个画面中的各部内容，但会减少画面的空间层次效果。这里原素材较暗的部分被提高了亮度，如图 11-5 所示。

图 11-5 添加"阴影/高光"效果

11.2 亮度曲线和 RGB 曲线

"亮度曲线"和"RGB 曲线"效果的曲线可用于调整视频剪辑中的整个色调范围或仅调整选定的颜色范围。"亮度曲线"效果主要调整明亮度，其影响的是可感知的颜色饱和度。"RGB 曲线"效果调整颜色和明亮度。可以将最多 16 个点添加到曲线中。要删除点，将其拖离图表即可。

　　要调整明亮度，在亮度或主图表上单击添加一个点，然后通过拖动该点来更改曲线的形状，曲线向上弯曲会使剪辑变亮，曲线向下弯曲会使剪辑变暗，曲线较陡峭的部分表示图像中对比度较高的部分。

　　要使用 RGB 曲线效果调整颜色和明亮度，在适当的图表上单击添加一个点，以便调整所有的颜色通道（主要）、红色通道、绿色通道或蓝色通道，通过拖动该点来更改曲线的形状，曲线向上弯曲会使像素值变亮，曲线向下弯曲会使像素值变暗，曲线较陡峭的部分表示图像中对比度较高的部分。

　　将剪辑放置到时间轴的视频轨道中，添加"亮度曲线"效果，并在曲线上添加两个点，拖动这两个点以调整曲线形状，调色效果如图 11-6 所示。

图 11-6　添加"亮度曲线"效果

　　为剪辑添加"RGB 曲线"效果，并在"主要"和"蓝色"通道的曲线上分别添加两个点，拖动这两个点以调整曲线形状，调色效果如图 11-7 所示。

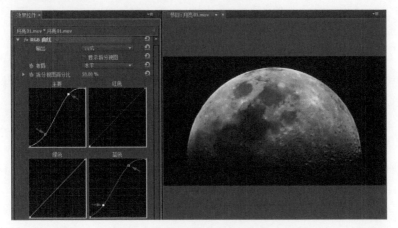

图 11-7　添加"RGB 曲线"效果

11.3　颜色过滤与分色

　　在 Premiere Pro CC 中可以使用"颜色过滤"效果和"分色"效果来制作只保留画面中的一种色彩而将其他部分去色的效果，这也是一些影视中独具特色的镜头表现效果之一。

可使用"颜色过滤"效果用来隔离单个颜色或一系列颜色。在显示"剪辑采样"和"输出采样"的对话框中进行调整。也可以在"效果控件"面板中调整颜色过滤效果属性。

这里先在时间轴中放置素材，如图 11-8 所示。

图 11-8　放置素材和其原来的画面

从"图像控制"下将"颜色过滤"效果拖至素材上，在效果控件面板中单击"设置"按钮，打开"颜色过滤设置"对话框，其中左侧为"剪辑采样"画面，右侧为"输出采样"画面。将鼠标指针移至"剪辑采样"画面中，鼠标指针形状变化为吸管，在画面中禁止标志的红色上单击，吸取颜色，然后调整"相似性"的数值，直到"输出采样"画面中只有禁止标志为红色，其他部分变为灰度的效果，单击"确定"按钮，将素材红色之外的其他颜色过滤掉，如图 11-9 所示。

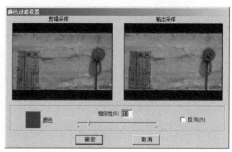

图 11-9　添加"颜色过滤"效果

"分色"效果从剪辑中移除所有颜色，但与"要保留的颜色"类似的颜色除外。"分色"效果参数说明如下。

脱色量：移除多少颜色。如果值为 100%，将使不同于选定颜色的图像区域显示为灰度。

要保留的颜色：使用吸管或拾色器来确定要保留的颜色。

容差：颜色匹配运算的灵活性。如果值为 0%，将使所有像素脱色，只有精确匹配"要保留的颜色"的颜色除外；如果值为 100%，表示无颜色变化。

边缘柔和度：颜色边界的柔和度。较高的值将使从彩色到灰色的过渡更平滑。

匹配颜色：确定是比较颜色的 RGB 值或还是色相值。选择"使用 RGB"将执行更严格的匹配，通常使图像更大程度地脱色。例如，要留下深蓝色、浅蓝色和中蓝色，应选择"使用色相"，并选择任意蓝色阴影作为"要保留的颜色"。

这里先在时间轴中放置素材，如图 11-10 所示。

从"颜色校正"下将"分色"效果拖至素材上，在效果控件面板中，使用"要保留的颜色"右侧的颜色吸管在画面中的红颜色上单击，吸取颜色，然后调整"脱色量"，将"匹配颜色"选择为"使用色相"，这样将素材红色之外的其他颜色分离脱色，如图 11-11 所示。

图 11-10　放置素材和其原来画面

图 11-11　添加"分色"效果

　　"分色"效果比"颜色过渡"效果更具调整空间，有更多的控制属性，并可以制作脱色过程的动画。例如，为"脱色量"添加从 0 至 100 的两个关键帧，如图 11-12 所示。

图 11-12　设置效果关键帧

　　这样产生红色之外颜色逐渐失去的效果，如图 11-13 所示。

图 11-13　脱色过程的效果

11.4　色阶

　　"色阶"效果用于操控剪辑的亮度和对比度，此效果结合了颜色平衡、灰度系数校正、亮度与对比度和反转效果的功能。

这里在时间轴中放置素材，如图 11-14 所示。

图 11-14　放置素材和其原来画面

从"调整"下将"色阶"效果拖至素材上，在效果控件面板中，单击"设置"按钮，打开"色阶设置"对话框，在其中调整"RGB 通道"直方图右侧的滑块，如图 11-15 所示。

图 11-15　添加"色阶"效果并调整 RGB 通道

可以同时选择 RGB 颜色中的某个通道单独进行调整，例如，这里选择"红色通道"，然后调整直方图右侧的滑块，单击"确定"按钮，如图 11-16 所示。

图 11-16　调整红色通道

11.5　快速颜色校正器

"快速颜色校正器"效果使用色相和饱和度控件来调整剪辑的颜色。此效果也有色阶控件，用于调整图像阴影、中间调和高光的强度，可以使用此效果在节目监视器面板中进行快速预览的简单颜色校正。该效果有以下众多的参数。

输出：允许在节目监视器面板中查看调整的最终结果（复合）、色调值调整（亮度）或 Alpha 遮罩（蒙版）的显示。

　　显示拆分视图：将图像的左边或上边部分显示为校正视图，而将图像的右边或下边部分显示为未校正视图。

　　布局：确定"拆分视图"图像是并排（水平）布局还是上下（垂直）布局。

　　拆分视图百分比：调整校正视图的大小。默认值为 50%。

　　白平衡：通过使用吸管工具来采样图像中的目标颜色或节目监视器面板中的任意位置，将白平衡分配给图像。也可以单击色板打开拾色器，然后选择颜色来定义白平衡。

　　色相平衡和角度：使用色轮控制色相平衡和色相角度。圆形缩略图围绕色轮中心移动，并控制色相（UV）转换。这将会改变平衡数量级和平衡角度。垂直于柄用于设置控件的相对粗精度，而此控件用于控制平衡增益。

　　可以在矢量示波器中查看对"色相平衡和角度"的调整。

　　色相角度：控制色相旋转。默认值为 0。负值向左旋转色轮，正值向右旋转色轮。

　　平衡数量级：控制由"平衡角度"确定的颜色平衡校正量。

　　平衡增益：通过乘法调整亮度值，使较亮的像素受到的影响大于较暗的像素受到的影响。

　　平衡角度：控制所需的色相值的选择范围。

　　饱和度：调整图像的颜色饱和度。默认值为 100，表示不影响颜色；小于 100 的值表示降低饱和度，而 0 表示完全移除颜色；大于 100 的值将产生饱和度更高的颜色。

　　自动黑色阶：提升剪辑中的黑色阶，使最黑的色阶高于 7.5 IRE（NTSC）或 0.3v（PAL）。阴影的一部分会被剪切，而中间像素值将按比例重新分布。因此，使用自动黑色阶会使图像中的阴影变亮。

　　自动对比度：同时应用自动黑色阶和自动白色阶。这将使高光变暗而阴影部分变亮。

　　自动白色阶：降低剪辑中的白色阶，使最亮的色阶不超过 100 IRE（NTSC）或 1.0v（PAL）。高光的一部分会被剪切，而中间像素值将按比例重新分布。因此，使用自动白色阶会使图像中的高光变暗。

　　黑色阶、灰色阶、白色阶：使用不同的吸管工具来采样图像中的目标颜色或节目监视器面板中的任意位置，以设置最暗阴影、中间调灰色和最亮高光的色阶。也可以单击色板打开拾色器，然后选择颜色来定义黑色、中间调灰色和白色。

　　输入色阶：左、右两侧的两个输入滑块将黑场和白场映射为输出滑块的设置；中间的输入滑块用于调整图像中的灰度系数，此滑块移动中间调并更改灰色调的中间范围的强度值，但不会显著改变高光和阴影。

　　输出色阶：将黑场和白场输入色阶滑块映射为指定值。在默认情况下，输出滑块分别位于色阶 0（此时阴影是全黑的）和色阶 255（此时高光是全白的）处。因此，在输出滑块的默认位置，移动黑色输入滑块会将阴影值映射到色阶 0，而移动白场滑块会将高光值映射到色阶 255，其余色阶将在色阶 0 ～ 255 之间重新分布。这种重新分布将会减小图像的色调范围，实际上也是降低图像的总体对比度。

　　输入黑色阶、输入灰色阶、输入白色阶：调整高光、中间调或阴影的黑场、中间调和白场输入色阶。

输出黑色阶、输出白色阶：调整输入黑色对应的映射输出色阶以及高光、中间调或阴影对应的输入白色阶。

这里在时间轴中放置月亮视频素材，准备将其快速调整为蓝月亮的效果，如图 11-17所示。

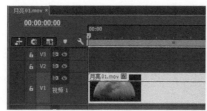

图 11-17　放置素材和其原来画面

从"颜色校正"下将"快速颜色校正器"效果拖至素材上，在效果控件面板中，勾选"显示拆分视图"，"布局"选择"垂直"。转动色轮可以改变图像颜色的色相，"色相角度"会发生相应的变化，然后调整"饱和度"增加蓝色效果，调整"输入色阶"和"输入白色阶"提高亮度和对比，如图 11-18 所示。

图 11-18　添加"快速颜色校正器"效果

这样简单、快捷地调整颜色，最后将取消勾选"显示拆分视图"即可。

11.6　三向颜色校正器

"三向颜色校正器"效果可针对阴影、中间调和高光调整剪辑的色相、饱和度与亮度，从而进行精细校正。通过使用"辅助颜色校正"控件指定要校正的颜色范围，可以进一步精细调整。该效果有以下众多的属性。

输出：允许在节目监视器面板中查看调整的最终结果（复合）、色调值调整（亮度）、Alpha 遮罩（蒙版）的显示或阴影、中间调和高光的三色调表示（色调范围）。

显示拆分视图：将图像的一部分显示为校正视图，而将其他图像的另一部分显示为未校正视图。

布局：确定"拆分视图"图像是并排（水平）布局还是上下（垂直）布局。

拆分视图百分比：调整校正视图的大小。默认值为 50%。

黑平衡、灰平衡、白平衡：将黑色、中间调灰色或白平衡分配给剪辑。使用不同的吸管工具在图像中采样目标色彩，或从拾色器中选择颜色。

色调范围定义：定义剪辑中的阴影、中间调和高光的色调范围。拖动方形滑块可调整阈值，拖动三角形滑块可调整柔和度（羽化）的程度。

> **提 示**
>
> 在调整"色调范围定义"控件时，从"输出"菜单中选择"色调范围"命令，可以查看高光、中间调和阴影。

阴影阈值、阴影柔和度、高光阈值、高光柔和度：确定剪辑中的阴影、中间调和高光的阈值与柔和度。

色调范围：选择通过"色相角度"、"平衡数量级"、"平衡增益"、"平衡角度"、"饱和度"以及"色阶"控件调整的色调范围。默认为"高光"。其他选项包括"主版"、"阴影"和"中间调"。

> **提 示**
>
> 即使从"色调范围"菜单中选择命令后，仍然可以使用 3 个色轮调整所有的三个色调范围。

三向色相平衡和角度：使用对应于阴影（左轮）、中间调（中轮）和高光（右轮）的三个色轮来控制色相及饱和度调整。从"色调范围"菜单中选择"主版"命令，将出现单个主轮。圆形缩略图围绕色轮中心移动，并控制色相（UV）转换。缩略图上的垂直手柄用于控制平衡数量级，平衡数量级将影响控件的相对粗细度。色轮的外环控制用于色相旋转。

高光 / 中间调 / 阴影色相角度：控制高光、中间调或阴影中的色相旋转。默认值为 0，负值向左旋转色轮，正值向右旋转色轮。

高光 / 中间调 / 阴影平衡数量级：控制由平衡角度确定的颜色平衡校正量。可对高光、中间调和阴影应用调整。

高光 / 中间调 / 阴影平衡增益：通过乘法调整亮度值，使较亮的像素受到的影响大于较暗的像素受到的影响。可对高光、中间调和阴影应用调整。

高光 / 中间调 / 阴影平衡角度：控制高光、中间调或阴影中的色相转换。

高光 / 中间调 / 阴影饱和度：调整高光、中间调或阴影中的颜色饱和度。默认值为 100，表示不影响颜色；小于 100 的值表示降低饱和度，而 0 表示完全移除颜色；大于 100 的值将产生饱和度更高的颜色。

自动黑色阶：提升剪辑中的黑色阶，使最黑的色阶高于 7.5 IRE。阴影的一部分会被剪切，而中间像素值将按比例重新分布。因此，使用自动黑色阶会使图像中的阴影变亮。

自动对比度：同时应用自动黑色阶和自动白色阶。这将使高光变暗而阴影部分变亮。

自动白色阶：降低剪辑中的白色阶，使最亮的色阶不超过 100 IRE。高光的一部分会被剪切，而中间像素值将按比例重新分布。因此，使用自动白色阶会使图像中的高光变暗。

黑色阶、灰色阶、白色阶：使用不同的吸管工具来采样图像中的目标颜色或在节目监视器面板中的任意位置，以设置最暗阴影、中间调灰色和最亮高光的色阶。也可以单击色板打开拾色器，然后选择颜色来定义黑色、中间调灰色和白色。

输入色阶：左、右两侧的两个输入滑块将黑场和白场映射为输出滑块的设置；中间的输入滑块用于调整图像中的灰度系数，此滑块移动中间调并更改灰色调的中间范围的强度值，但不会显著改变高光和阴影。

输入色阶滑块：输出色阶将黑场和白场输入色阶滑块映射为指定值。在默认情况下，输出滑块分别位于色阶 0（此时阴影是全黑的）和色阶 255（此时高光是全白的）处。因此，在输出滑块的默认位置，移动黑色输入滑块会将阴影值映射到色阶 0，而移动白场滑块会将高光值映射到色阶 255，其余色阶将在色阶 0 ～ 255 之间重新分布。这种重新分布将会增大图像的色调范围，实际上也是提高图像的总体对比度。

输出色阶滑块：输入黑色阶、输入灰色阶、输入白色阶调整高光、中间调或阴影的黑场、中间调和白场输入色阶。

输出黑色阶、输出白色阶：调整输入黑色对应的映射输出色阶以及高光、中间调或阴影对应的输入白色阶。

辅助颜色校正：指定由效果校正的颜色范围。可以通过色相、饱和度及明亮度定义颜色。单击三角形可访问控件。

提　示

从"输出"菜单中选择"蒙版"命令，可查看定义颜色范围时选择的图像区域。

中心：在指定的范围中定义中心颜色。选择吸管工具，然后在屏幕上任意位置单击以指定颜色，此颜色会显示在色板中。使用"+"吸管工具扩大颜色范围，使用"－"吸管工具减小颜色范围。也可以单击色板来打开拾色器，然后选择中心颜色。

色相、饱和度及明亮度：根据色相、饱和度或明亮度指定要校正的颜色范围。单击选项名称旁边的三角形可以访问阈值和柔和度（羽化）控件，用于定义色相、饱和度或明亮度范围。

柔化：使指定区域的边界模糊，从而使校正更大程度地与原始图像混合。较高的值会增加柔和度。

边缘细化：使指定区域有更清晰的边界，校正显得更明显。较高的值会增加指定区域的边缘清晰度。

反转限制颜色：校正所有颜色，使用"辅助颜色校正"设置指定的颜色范围除外。

这里在时间轴中放置素材，准备使用"三向颜色校正器"效果来将树叶调为绿色，如图 11-19 所示。

图 11-19　放置素材和其原来画面

从"颜色校正"下将"三向颜色校正器"效果拖至素材上，在效果控件面板中，将"阴影"色轮中心的"阴影平衡数量级"向外拉出一点，展开"阴影"参数，可以看到"阴影平衡数量级"和"阴影平衡角度"的数值发生变化。

分别转动"阴影"、"中间调"和"高光"色轮的外圈，可以改变图像对应部分颜色的色相。在展开的"阴影"、"中间调"和"高光"下分别精确调整 3 部分色相角度的数值。这样使用"三向颜色校正器"效果改变画面的颜色，如图 11-20 所示。

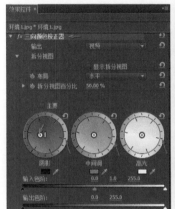

图 11-20　添加"三向颜色校正器"效果

11.7　电视播出的颜色控制

由于计算机中的颜色范围高于电视，因此制作的节目在电视上播出时，需要保证色彩信号在电视上安全显示。"广播级颜色"效果用于改变像素颜色值，使信号幅度位于电视所允许的范围内。对素材应用"广播级颜色"效果来限制颜色信号的步骤如下。

（1）在时间轴中放置视频素材，从"颜色校正"下将"广播级颜色"效果添加到素材上。

（2）在软件界面右上部的"工作区"下拉列表中选择"颜色校正"，使用调色专用的工作区布局，并在右下部的参考面板右上角单击下拉按钮，从弹出菜单中选择"所有示波器"或其中单独的示波器，对比颜色信号的变化，如图 11-21 所示。

提　示

在参考面板弹出菜单中选择显示模式，可以显示普通视频、视频的 Alpha 通道或某种测量工具。"合成视频"：显示普通视频。"Alpha"：将透明度显示为灰度图像。"所有示波器"：显示波形监视器、矢量示波器、YCbCr 分量以及 RGB 分量。"矢量示波器"：显示度量视频色度（包括色相与饱和度）的矢量示波器。"YC 波形"：显示以 IRE 为单位度量视频明亮度的标准波形监视器。"YCbCr 分量"：显示以 IRE 为单位并单独度量视频的 Y、Cb 和 Cr 分量的波形监视器。"RGB 分量"：显示以 IRE 为单位并单独度量视频的 R、G 和 B 分量的波形监视器。在掌握基本的调色技术后学习专业调色时，需要对示波器的使用进行专门的学习。

图 11-21　调色工作区界面

（3）"广播级颜色"效果下的"最大信号振幅（IRE）"默认值为 110，是以 IRE 为单位的最大信号振幅。振幅高于此值的像素将被改变，较低的值可以更显著地影响图像，较高的值具有更高的风险。另外，"广播区域设置"用于设置预期输出的电视标准：NTSC（美国国家电视标准委员会）是北美标准，PAL（逐行倒相）为国内所用制式，也用于西欧和南美的大部分国家 / 地区，所以这里选择 PAL。在"确保颜色安全的方式"下拉列表中，"抠出不安全区域"和"抠出安全区域"选项用于设置可以显示出图像的哪些部分在当前设置中受广播级颜色效果的影响。例如，选择"抠出安全区域"，效果如图 11-22 所示。

图 11-22　查看"抠出安全区域"的画面

（4）图 11-22 中所显示的区域为不能在电视上正确显示的颜色。如果在"确保颜色安全的方式"下拉列表中选择"抠出不安全区域"，则相反，将受限制的颜色以黑色显示出来，局部放大的效果如图 11-23 所示。

（5）可以在"确保颜色安全的方式"下拉列表中选择"降低明亮度"或"降低饱和度"来更改受限的颜色信号，"降低明亮度"通过移向黑色来降低像素的亮度，"降低饱和度"将像素的颜色移向类似亮度的灰色，使像素的色彩降低。经测试，使用效果更好的"降低饱和度"，如图 11-24 所示。

图 11-23　查看局部不安全区域显示为黑色

图 11-24　使用"降低饱和度"来限制颜色

11.8　实例：风景调色

　　本实例进行两组调色操作，一组为同一个场景的画面，经过调色，模拟春、夏、秋、冬四季的效果，另一组为 4 个不同场景的画面，经过调色模拟为四季的效果。在调色过程中，需要根据实际素材中的色彩特征，从 Premiere Pro CC 众多的调色效果中选择适合的颜色来进行调整，实例效果如图 11-25 所示。

图 11-25　实例效果

1．在新建项目中导入素材

（1）启动 Premiere Pro CC 软件，新建项目文件。

（2）先导入本实例所需的图像素材和音频素材文件，图像素材如图 11-26 所示。

图 11-26　素材画面

2．新建"单画面四季调色"序列并放置素材

（1）建立名为"单画面四季调色"的序列。选择菜单命令"文件"→"新建"→"序列"
（快捷键 Ctrl+N 组合键），打开"新建序列"对话框，在"序列预设"下展开 HDV，选中
HDV 720p25，"序列名称"设置为"单画面四季调色"，单击"确定"按钮，建立序列。

（2）放置单画面素材并调整长度。从项目面板中将"环境 1.jpg"拖至时间轴 V1 视频轨
道开始处，然后将出点拖至第 14 秒处，如图 11-27 所示。

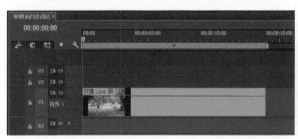

图 11-27　放置素材

（3）调整素材画面的大小并制作向中间缓缓移动的效果。在效果控件面板中将素材画面
放大至左、右满屏，在素材入点处添加一个"位置"关键帧，向下调整素材画面，记录画面
移动的起始位置，如图 11-28 所示。

图 11-28　调整素材大小并添加"位置"关键帧

（4）将时间移至素材的出点，向上调整素材画面的位置，记录画面向上移动结束位置的
关键帧，如图 11-29 所示。

图 11-29　设置移动的画面

（5）在时间轴中将素材分成 5 个片段，其中第一个片段为 2 秒，准备调整为没有彩色的
效果；后 4 个片段分别为 3 秒，准备调整为具有 4 个季节特征的色彩。移动时间指示器，分
别在第 2 秒、第 5 秒、第 8 秒和第 11 秒处按 Ctrl+K 组合键分割素材，如图 11-30 所示。

图 11-30 分割素材

3. 为"单画面四季调色"序列的素材调色

（1）为时间轴中的第一个片段设置灰色的画面效果。从效果面板中展开"视频效果"，将"颜色校正"下的"颜色平衡（HLS）"拖至第一个片段上，然后在效果控件面板中将"饱和度"数值降至最低，这样即可消除画面中的颜色，如图 11-31 所示。

图 11-31 添加"颜色平衡（HLS）"效果

（2）为时间轴中的第二个片段设置春天的效果，这里根据图像的特征，将树叶调整为新长出的黄绿色。将时间移至第二个片段处，从效果面板中将"颜色校正"下的"更改为颜色"拖至第二个片段上，然后在效果控件面板中展开效果，使用"自"右侧的颜色吸管工具在画面橙色的树叶上单击，准备吸取要改变的颜色，如图 11-32 所示。

图 11-32 添加"更改为颜色"效果并吸取颜色

（3）这里"自"颜色块为吸取的橙色 RGB（196, 86, 13），将"至"颜色块设置为黄绿色 RGB（222, 255, 0），"更改"选择"色相"，这样初步将树叶调成黄绿色，如图 11-33 所示。

图 11-33 设置"更改为颜色"效果

（4）画面中的树叶有部分残留的红色，这里使用另一种调色效果来处理。在效果面板的"颜色校正"下将"更改颜色"拖至第二个片段上，使用"要更改的颜色"右侧的颜色吸管工具在画面中残留的红色像素上单击吸取颜色，这里为 RGB（88, 23, 13），将"匹配颜色"选择为"使用色相"，然后调整"色相变换"的数值，使红色转变为黄绿色，如图 11-34 所示。

图 11-34　将红色树叶转变为黄绿色

（5）画面中有部分枯黄的树叶还有残留的黄色，需要将其也调整为黄绿色。在效果面板的"颜色校正"下将"更改颜色"重复拖至第二个片段上，使用"要更改的颜色"右侧的颜色吸管工具在画面中残留的黄色像素上单击吸取颜色，这里为 RGB（216, 163, 86），将"匹配颜色"选择为"使用色相"，然后调整"色相变换"的数值，使黄色转变为黄绿色，如图 11-35 所示。

图 11-35　将黄色树叶转变为黄绿色

（6）画面中的树干颜色偏绿，应将其消除掉。在效果面板的"颜色校正"下将"更改颜色"再次拖至第二个片段上，使用"要更改的颜色"右侧的颜色吸管工具在画面中偏绿色的树干上单击吸取颜色，这里为 RGB（36, 40, 7），将"匹配颜色"选择为"使用色相"，降低"饱和度变换"的数值，将树干上的绿色消除，如图 11-36 所示。

图 11-36　将树干上的绿色消除

（7）为时间轴中的第三个片段设置夏天的效果，这里根据图像的特征，将树叶调整为夏天的翠绿色。将时间移至第三个片段处，从效果面板中将"颜色校正"下的"三向颜色校正器"拖至第三个片段上，然后在效果控件面板中展开效果，先大致调整"阴影"和"中间调"的色环，调整"色调范围定义"右侧的滑块，分别展开"饱和度"、"阴影"和"中间调"参数，调整画面中的树叶为偏绿的颜色，如图 11-37 所示。

图 11-37　添加"三向颜色校正器"效果

（8）继续调整当前画面中树叶为更合适的绿色。在效果面板的"颜色校正"下将"更改颜色"拖至第三个片段上，使用"要更改的颜色"右侧的颜色吸管工具在画面中吸取其中较深的橙色，这里为 RGB（71, 47, 7），将"匹配颜色"选择为"使用色度"，调整"色相变换"的数值，使当前的树叶颜色转变为绿色，如图 11-38 所示。

图 11-38　添加"更改颜色"效果

（9）由于当前画面在调整绿叶效果操作的同时变得偏色，因此需要对画面的颜色进行校正。在效果面板的"颜色校正"下将"RGB 颜色校正器"拖至第三个片段上，展开"RGB"下的属性，降低"绿色灰度系数"和"蓝色灰度系数"，校正画面的偏色效果，如图 11-39 所示。

（10）画面右下角有一个物体，原来为蓝色，经画面调色操作之后变成了紫色，需要还原其颜色。从效果面板中将"颜色校正"下的"更改为颜色"拖至第三个片段上，然后在效果控件面板中展开效果，使用"自"右侧的颜色吸管工具在物体上单击吸取当前的紫色，RGB 为（103, 83, 146）。在效果控件面板中单击所添加的调色效果名称之前的切换效果开关，暂时关闭当前所添加的这几种调色效果，显示画面的原始颜色，使用"至"右侧的颜色吸管工具在物体上再次单击，吸取原始的蓝色，RGB 为（33, 122, 172），将"更改"选择为"色相和饱和度"。最后恢复这几种效果的切换效果开关,这样即可还原右下角这个物体的原始颜色,如图 11-40 所示。

图 11-39 添加 "RGB 颜色校正器" 效果

图 11-40 添加 "更改为颜色" 效果并从原画面中吸取原色

（11）当前画面较暗,可以调整其整体的亮暗对比。在效果面板的"调整"下将"阴影 / 高光"拖至第三个片段上,调整"与原始图像混合"的数值,改善画面的明暗对比效果,如图 11-41 所示。

图 11-41 添加 "阴影 / 高光" 效果

（12） 时间轴中第四个片段使用图像素材本身的秋天的效果,不做调整。下面将第五个片段调整为冬天的效果，这里根据图像的特征，将树叶调整为枯叶。将时间移至第五个片段处，从效果面板中将"颜色校正"下的"三向颜色校正器"拖至第五个片段上，然后在效果控件面板中展开效果，大致调整"阴影"的色环，调整"色调范围定义"左侧和右侧的滑块，分别展开"饱和度"、"阴影"和"中间调"参数，调整画面中的树叶为枯黄的树叶颜色，如图 11-42 所示。

图 11-42　添加"三向颜色校正器"效果

（13）将画面中的深绿色调暗。在效果面板的"颜色校正"下将"更改为颜色"拖至第五个片段上，使用"自"右侧的颜色吸管工具在画面中吸取其中的深绿色，这里为 RGB（26，52，41），将"至"颜色块设为较暗的褐色，RGB 为（46，42，43），将"更改"选择为"色相和饱和度"，调整"色相"与"饱和度"的数值，如图 11-43 所示。

图 11-43　添加"更改为颜色"效果

（14）当前过渡默认的长度为 1 秒。可以选择菜单命令"编辑"→"首选项"→"常规"，打开首选项面板的"常规"类别，在其中设置"视频过渡默认持续时间"为 25 帧，即 1 秒，如图 11-44 所示。

图 11-44　预设默认过渡时长

（15）在时间轴中按 Ctrl+A 组合键全选素材，按 Ctrl+D 组合键为全部的入点和出点处添加默认的"交叉溶解"过渡，然后删除首、尾的过渡，如图 11-45 所示。

图 11-45　添加过渡

4．新建"多画面四季调色"序列并放置素材

（1）建立名为"多画面四季调色"的序列。选择菜单命令"文件"→"新建"→"序列"（快捷键 Ctrl+N 组合键），打开"新建序列"对话框，在"序列预设"下展开 HDV，选中 HDV 720p25，"序列名称"设置为"多画面四季调色"，单击"确定"按钮，建立序列。

（2）放置多面素材并调整长度。从项目面板中将"环境 1.jpg"至"环境 4.jpg"4 个图片素材拖至时间轴 V1 视频轨道中，每个片段均为 4 秒的长度，如图 11-46 所示。

图 11-46　放置素材

（3）调整素材画面的大小并制作画面缓慢缩小的动画效果。在时间轴中选中第一段素材，在效果控件面板中，在素材入点处添加一个关键帧，调整"缩放"数值，以放大素材的画面，记录关键帧，如图 11-47 所示。

图 11-47　设置"缩放"关键帧

将时间移至素材的出点，将"缩放"数值减小，记录关键帧，如图 11-48 所示。

图 11-48　设置"缩放"关键帧

（4）选中第一个素材在效果控件面板中单击"运动"，按 Ctrl+C 组合键复制，再选中其他三个片段，按 Ctrl+V 组合键粘贴，这样 4 个片段都设置为画面缓慢缩小的关键帧动画。

（5）在每个片段的入点处分割出 1 秒的片段，在下一步的制作中，将这些 1 秒的片段调整为灰色图面，将其他较长的 4 个片段分别调整为春、夏、秋、冬的画面，分割素材如图 11-49 所示。

图 11-49　分割素材

5. 为"多画面四季调色"序列的素材调色

（1）为时间轴中的第一个 1 秒片段设置灰色的画面效果。从效果面板中展开"视频效果"，将"颜色校正"下的"颜色平衡（HLS）"拖至第一个片段上，然后在效果控件面板中将"饱和度"数值降至最低，这样即可消除画面中的颜色。

（2）为其他 1 秒片段设置相同的灰色效果。在效果控件面板中选中第一个片段的"颜色平衡（HLS）"，按 Ctrl+C 组合键复制，然后配合 Shift 键选中其他 1 秒片段，按 Ctrl+V 组合键粘贴效果，如图 11-50 所示。

图 11-50　设置灰色画面并复制效果

（3）使用复制效果的方法，将时间轴中的第二个片段"环境 1.jpg"设置为春天的效果。先切换到"单画面四季调色"序列的时间轴中，选中第二个片段，在其效果控件面板中配合使用 Ctrl 键，按从上至下的顺序，依次单击选中所添加的调色效果，按 Ctrl+C 组合键复制；再切换回当前操作的序列时间轴，选中第二个片段，按 Ctrl+V 组合键粘贴效果。

（4）设置第四个片段"环境 2.jpg"为夏天的效果。将时间移至第四个片段处，从效果面板中将"颜色校正"下的"三向颜色校正器"拖至第四个片段上，然后在效果控件面板中展开效果，先大致调整"阴影"、"中间调"的色环，然后分别展开"饱和度"、"阴影"、"中间调"和"主要"参数，调整画面中树叶的颜色，如图 11-51 所示。

图 11-51　添加"三向颜色校正器"效果

（5）再从效果面板中将"调整"下的"自动颜色"拖至第四个片段上，自动校正画面的偏色，如图 11-52 所示。

图 11-52　添加"自动颜色"效果

（6）设置第六个片段"环境 3.jpg"为秋天的效果。将时间移至第六个片段处，从效果面板中将"颜色校正"下的"更改颜色"拖至第六个片段上，然后在效果控件面板中展开效果，使用"要更改的颜色"右侧的颜色吸管工具，在画面中的树叶上单击吸取颜色，这里为 RGB（132, 140, 12），将"匹配颜色"设为"使用色相"，调整"色相变换"，改变画面的颜色，如图 11-53 所示。

图 11-53　添加"更改颜色"效果

（7）进一步校正画面的颜色。从效果面板中将"颜色校正"下的"更改为颜色"拖至第六个片段上，然后在效果控件面板中展开效果，使用"自"右侧的颜色吸管工具，在画面中的树干上单击吸取颜色，这里为 RGB（58, 32, 25），将"至"颜色块设置为 RGB（53, 38, 23），调整"柔和度"，如图 11-54 所示。

图 11-54　添加"更改为颜色"效果

（8）再从效果面板中将"颜色校正"下的"颜色平衡"拖至第六个片段上，然后在效果控件面板中展开效果，降低"阴影红色平衡"和"中间调红色平衡"，改善画面中秋天的颜色效果，如图 11-55 所示。

图 11-55　添加"颜色平衡"效果

（9）设置第八个片段"环境 4.jpg"为夏天的效果。将时间移至第八个片段处，从效果面板中将"颜色校正"下的"三向颜色校正器"拖至第八个片段上，然后在效果控件面板中展开效果，先大致调整"中间调"的色环，调整"色调范围定义"的滑块，然后分别展开"饱和度"、"阴影"和"中间调"参数，调整画面的颜色，将绿色的草地调整为枯黄的颜色效果，如图 11-56 所示。

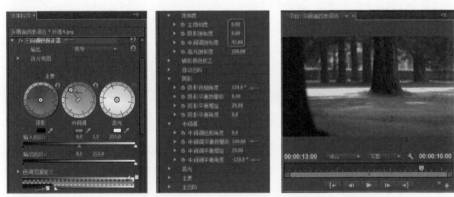

图 11-56　添加"三向颜色校正器"效果

（10）最后为各片段添加过渡效果。操作如下：从效果面板的"过渡效果"下，展开"溶解"，使用其下的"交叉溶解"和"胶片溶解"过渡。在相同画面的片段之间，添加"交叉溶解"过渡，在不同画面的片段之间添加"胶片溶解"过渡，如图 11-57 所示。

图 11-57　添加过渡

6. 新建"四季调色"序列

（1）建立名为"四季调色"的序列。选择菜单命令"文件"→"新建"→"序列"（快捷键 Ctrl+N 组合键），打开"新建序列"对话框，在"序列预设"下展开 HDV，选中 HDV 720p25，"序列名称"设置为"四季调色"，单击"确定"按钮，建立序列。

（2）放置素材并合成音乐。从项目面板中将"单画面四季调色"和"多画面四季调色"拖至时间轴的视频轨道中，前后连接，然后将音频素材拖至音频轨道中。

（3）配合使用 Ctrl 键，将"交叉溶解"拖至前个素材的出点处和后个素材的入点处，添加淡出到黑场和从黑场淡入的效果，这样完成实例的制作，如图 11-58 所示。

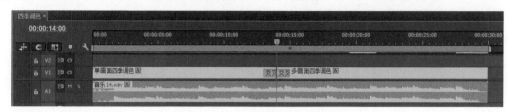

图 11-58　建立序列放置素材并添加过渡

思考与练习

一、思考题

1．调色效果都集中在颜色校正组下吗？

2．调色是将画面调整明亮、鲜艳吗？

3．如何制作一种由彩色到灰色，但同时还保留一种主体的色彩（如红色）？

4．列举几种调整绿叶为黄叶可能用得上的方法。

二、练习题

1．使用不同的调色效果改变风景图片的季节特征。

2．找出一些偏色、亮度不正确、对比度不好的素材进行颜色校正。

第 12 章

键控效果

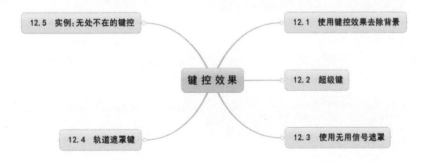

12.5 实例：无处不在的键控

12.1 使用键控效果去除背景

键控效果

12.2 超级键

12.4 轨道遮罩键

12.3 使用无用信号遮罩

键控按图像中的特定颜色值（使用颜色键或色度键）或亮度值（使用明亮度键）定义透明度。当键出某个值时，所有具有相似颜色或明亮度值的像素都将变为透明。

键控可轻松将颜色或亮度一致的背景替换为另一幅图像，尤其是在使用的对象过于复杂而无法添加蒙版的情况下非常有用。键出颜色背景的方法通常称为蓝屏或绿屏，也可以使用任何纯色作为背景。Premiere Pro CC 中的键控制作使用"视频效果"下"键控"组中的效果来进行操作。

12.1 使用键控效果去除背景

这里使用基本的键控效果"蓝屏键"进行一个键控的操作。在时间轴中放置准备键控的素材和背景素材，键控素材中需要抠除的颜色为蓝色，如图 12-1 所示。

图 12-1 放置素材

在效果面板中展开"视频效果"，将"键控"下的"蓝屏键"拖至时间轴上面轨道的键控素材上，默认将素材上的蓝颜色抠除，查看细节效果，在蓝颜色之处有半透明现象，如图 12-2 所示。

图 12-2 添加"蓝屏键"效果

在效果控件面板上勾选"仅蒙版"选项，可以查看键控效果的蒙版状态，检查键控的细节问题，如图 12-3 所示。

图 12-3 查看蒙版状态

蒙版为全白的区域为不透明，蒙版为全黑的区域为完全透明，蒙版为灰度的区域为半透明。在时间轴中暂时关闭背景素材的显示，调整"蓝屏键"下的"屏蔽度"，将原画面中蓝色之外的区域调整为全白，同时保证蓝色区域为全黑，如图 12-4 所示。

图 12-4　调整蒙版

取消选中"仅蒙版"，恢复时间轴中背景素材的显示，这样完成了键控的操作，如图 12-5 所示。

图 12-5　取消选中"仅蒙版"

12.2　超级键

1．"超级键"效果介绍

"蓝屏键"是键控操作中基本的专项效果，对其他颜色背景的素材需要使用另外的效果来进行键控操作。Premiere Pro CC 中的"超级键"适用于多数情况下的键控需求，能够综合应对多种键控任务。以下对"超级键"效果的参数进行介绍。

"遮罩生成"下的参数说明如下。

透明度：在背景上键控源后，控制源的透明度。

高光：增加源图像的亮区的不透明度。可以使用"高光"提取细节，如透明物体上的镜面高光。

阴影：增加源图像的暗区的不透明度。可以使用"阴影"来校正由于颜色溢出而变透明的黑暗元素。

容差：从背景中滤出前景图像中的颜色，增加了偏离主要颜色的容差。可以使用"容差"移除由色偏所引起的伪像，也可以使用"容差"控制肤色和暗区上的溢出。

基值：从 Alpha 通道中滤出通常由粒状或低光素材所引起的杂色。源图像的质量越高，"基值"可以设置得越低。

"遮罩清除"下的参数说明如下。

阻塞：缩小 Alpha 通道遮罩的大小，执行形态侵蚀（部分内核大小）。

柔化：使 Alpha 通道遮罩的边缘变模糊，执行盒形模糊滤镜（部分内核大小）。

对比度：调整 Alpha 通道的对比度。

中间点：选择对比度值的平衡点。

溢出抑制下的参数说明如下。

降低饱和度：控制颜色通道背景颜色的饱和度。

范围：控制校正的溢出的量。

溢出：调整溢出补偿的量。

亮度：与 Alpha 通道结合使用可恢复源的原始明亮度。

颜色校正下的参数说明如下。

饱和度：控制前景源的饱和度。设置为 0 将会移除所有色度。

色相：控制颜色的色相。

明亮度：控制前景源的明亮度。

2．"超级键"效果键控操作

这里使用"超级键"效果来进行键控操作，制作步骤如下。

（1）在时间轴中放置键控素材和背景素材。这个键控素材中由于有头发的边缘、空隙等特征，因此使用简单的键控效果难以得到理想的效果，如图 12-6 所示。

图 12-6　放置素材

（2）从效果面板中将"键控"下的"超级键"拖至时间轴中的键控素材上，添加"超级键"效果。在效果控件面板中展开效果设置项，在"主要颜色"右侧，使用吸管工具在素材的背景颜色上单击以吸取颜色，如图 12-7 所示。

图 12-7　添加"超级键"效果并吸取背景颜色

（3）可以看到"超级键"的使用，使原本较难键控的素材，快捷地键出了背景，初步得到了一个较好的键控效果，效果 12-8 所示。

图 12-8　键控效果

（4）将效果的"输出"选择为"Alpha 通道"，检查键控的蒙版状态，其中白色为不透明的区域，黑色为完全透明的区域，灰色的区域会有残留的颜色，可以根据实际需要来进行保留或去除的操作，如图 12-9 所示。

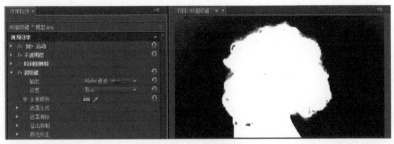

图 12-9　检查蒙版

（5）这里将"设置"选择为"强效"，可以看到画面中左上角的灰色像素被去除，白色区域内及边缘对比变得更强，如图 12-10 所示。

图 12-10　使用"强效"设置

（6）恢复"输出"为"合成"，查看"强效"预设下的键控效果，与默认效果时画面蒙有一层没有键出干净的颜色相比，"强效"预设的效果使背景颜色键出得更干净，不过画面出现偏色的现象，如图 12-11 所示。

图 12-11　"强效"预设下的键控效果

（7）展开"遮罩生成"，调节"容差"的数值，可以恢复颜色，如图 12-12 所示。

图 12-12　恢复颜色

提　示

也可以根据需要在键出背景后，对素材原来的颜色进行调色，改变为需要的颜色。

12.3　使用无用信号遮罩

在键控操作过程中常会遇到在键出背景周边有残留的颜色，可以使用建立遮罩的办法将其去除掉，这种遮罩也称为垃圾遮罩，用简单的方法来去除无用的残留颜色或者周边物体。Premiere Pro CC 中可以用"8 点无用信号遮罩"效果来简单快捷地去掉多余的内容。还有相同功能的 4 点和 16 点的效果来供选择使用。

将素材放置到时间轴中，准备对其进行键控操作，如图 12-13 所示。

图 12-13　放置素材

从效果面板将"键控"下的"超级键"拖至时间轴的键控素材上，添加"超级键"效果。在效果控件面板中效果的"主要颜色"右侧，使用吸管工具在素材的背景颜色上单击，键出背景颜色，如图 12-14 所示。

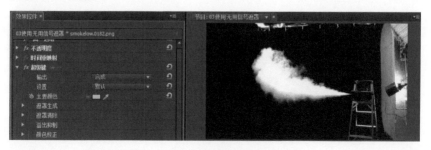

图 12-14　吸取背景颜色以键出背景

对于画面中的其他物体，就可以使用遮罩来去除。从效果面板中将"键控"下的"8 点无用信号遮罩"拖至时间轴的键控素材上。在效果控件面板中选中"8 点无用信号遮罩"，这样显示出 8 个调节点，将多余的物体拖至调节点即可将其排除，如图 12-15 所示。

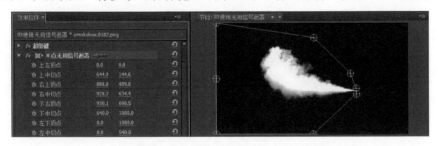

图 12-15　添加"8 点无用信号遮罩"效果

12.4　轨道遮罩键

"轨道遮罩键"效果依据上层轨道中的剪辑来显示另一个剪辑的局部画面，此效果通常需要两个剪辑和一个遮罩，每个剪辑位于自身的轨道上。"轨道遮罩键"效果的合成方式依据"Alpha 遮罩"或"亮度遮罩"，当遮罩为"Alpha 通道"时，仅显示 Alpha 通道部分画面；当遮罩为"亮度遮罩"时，其中的白色区域在叠加的剪辑中是不透明的，防止底层剪辑显示出来，遮罩中的黑色区域是透明的，而灰色区域是部分透明的。这里使用 Premiere Pro CC 中的字幕来制作一个"Alpha 遮罩"的图形。

在时间轴中放置两个素材，当前只显示上层轨道中素材的画面，如图 12-16 所示。

图 12-16　在时间轴中放置素材

选择菜单命令"文件"→"新建"→"字幕"，新建一个字幕，在字幕面板中选择圆角矩形工具在视频区域绘制出一个大的图形，居中放置，如图 12-17 所示。

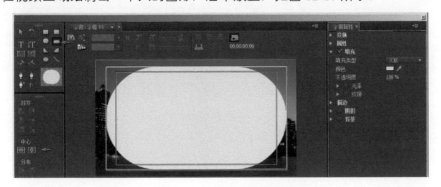

图 12-17　建立字幕图形

从项目面板中，将字幕图形放置到 V3 轨道中。从效果面板的"键控"下将"轨道遮罩键"拖至 V2 轨道的素材上，然后在其效果控件面板中，设置"遮罩"为"视频 3"，设置"合成方式"为"Alpha 遮罩"，这样 V2 轨道的素材中只显示出 V3 轨道中遮罩图形的区域范围，如图 12-18 所示。

图 12-18　使用"轨道遮罩键"效果

如果需要虚化的边缘，可以为 V3 轨道的图形添加模糊边缘的效果。从效果面板中的"模糊与锐化"下将"快速模糊"拖至 V3 轨道的字幕图形上，并在其效果控件面板中设置"模糊度"的大小。这样，V2 轨道的素材画面相应地也得到虚化边缘的效果，如图 12-19 所示。

图 12-19　添加"快速模糊"效果制作虚化边缘

"轨道遮罩键"中作为参考层的轨道中也可以放置动态的遮罩画面，这样可以得到变化的遮罩画面。

"轨道遮罩键"是"键控"效果中用法比较特殊的一种效果，与其相似的还有"图像遮罩键"，但"轨道遮罩键"更为方便实用。Premiere Pro CC 的"键控"效果下还有一些其他的键控效果，操作方法与"蓝屏键"或"超级键"相似，在多数情况下，应尽量使用"超级键"进行键控操作，以得到更好的键控效果。当然，针对不同的键控目标，多种键控效果也有更多的选择空间。在本章实例中将使用多种键控效果来进行键控操作。

12.5　实例：无处不在的键控

本例利用几个含有蓝色或绿色的设计图像素材，使用键控的方法添加动画态视频到这些图像中，制作一组有趣的视觉效果，这也是视频制作中常用的合成手法。在制作过程中使用了多种键控效果来完成，效果如图 12-20 所示。

图 12-20　实例效果

1. 在新建项目中导入素材和建立纯色遮罩

（1）启动 Premiere Pro CC 软件，新建项目文件。

（2）将本例制作所需要的键控图像素材、视频素材和音频素材导入到项目面板中，如图 12-21 所示。

图 12-21　素材画面

（3）在项目面板中先检查静止图片素材默认的长度，如果不全是 3 秒的长度，可以将其全部选中，然后在其上右击，选择快捷菜单命令"速度/持续时间"，打开"剪辑速度/持续时间"对话框，将"持续时间"设置为 3 秒，单击"确定"按钮，这样即可以将这些静止图片素材的默认长度统一修改为 3 秒的长度。另外，也可以在导入之前，在首选项面板的"常规"类别中，设置"静止图像默认持续时间"为 75 帧，之后再导入图片时，素材默认长度即为 3 秒，如图 12-22 所示。

图 12-22　在导入前后更改图像默认时长的方法

（4）单击项目面板下部的"新建项"按钮，选择弹出菜单命令"颜色遮罩"，建立一个名为"背景色"的紫色遮罩，在后面的制作中临时用作背景检查键控效果。

2. 键控一：颜色键

（1）从项目面板中将"色键素材1.jpg"拖至项目面板下方的"新建项"按钮上，按素材的尺寸建立一个序列，并打开包括素材的序列时间轴，将"背景色"放置在底层轨道中，将"色键素材1.jpg"放置在上层轨道中。

（2）在效果面板中展开"视频效果"，将"键控"下的"颜色键"拖至时间轴中的键控素材上，如图12-23所示。

图12-23 添加"颜色键"效果

（3）在效果控件面板中，使用"主要颜色"右侧的吸管工具在素材画面中的绿颜色上单击，吸取要键出的绿色，然后调整"颜色容差"、"边缘细化"和"羽化边缘"，将绿色键出，如图12-24所示。

图12-24 吸取颜色并调整效果

（4）从项目面板中将"黑马03.mov"拖至时间轴的上层轨道中，先缩小画面，然后从效果面板中将"扭曲"下的"边角定位"拖至其上。在效果控件面板选中"边角定位"，这样显示出效果的4个位置点，参照键控素材中一个胶片格的位置和大小，调整效果的4个位置点，将"黑马03.mov"的画面放置在其中一个胶片格上，如图12-25所示。

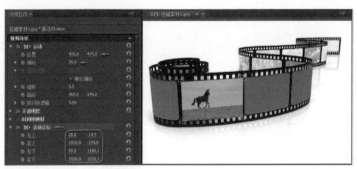

图12-25 添加"边角定位"效果

（5）同样，再放置新的"黑马 03.mov"到时间轴的上层轨道中，先缩小画面，然后添加"边角定位"效果，参照键控素材其他胶片格的位置和大小，调整效果的 4 个位置点，将视频画面放置在其他胶片格上，如图 12-26 所示。

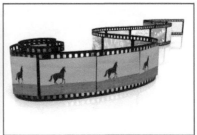

图 12-26　设置其他画面

（6）删除底层的"背景色"，调整键控素材到顶层轨道，如图 12-27 所示。

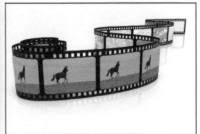

图 12-27　调整素材在轨道中的上下顺序

3．键控二：色度键

（1）从项目面板中将"色键素材 2.jpg"拖至项目面板下方的"新建项"按钮上，按素材的尺寸建立一个序列，并打开包括素材的序列时间轴，将"背景色"放置在底层轨道中，如图 12-28 所示。

图 12-28　放置素材

（2）在效果面板中将"键控"下的"色度键"拖至时间轴中的键控素材上。在效果控件面板中，使用"颜色"右侧的吸管工具在素材画面中的颜色上单击，吸取要键出的颜色，然后调整"相似性"，将颜色键出，如图 12-29 所示。

（3）从项目面板中将"黑马 03.mov"拖至时间轴的上层轨道中，先缩小画面，然后从效果面板中将"扭曲"下的"边角定位"拖至其上。在效果控件面板选中"边角定位"，显示出效果的 4 个位置点，参照键控素材其中大屏幕的位置和大小，调整效果的 4 个位置点，将"黑马 03.mov"的画面放置到大屏幕上，如图 12-30 所示。

图 12-29 添加"色度键"效果

图 12-30 添加"边角定位"效果

（4）删除底层的"背景色"，调整键控素材到上层轨道中，如图 12-31 所示。

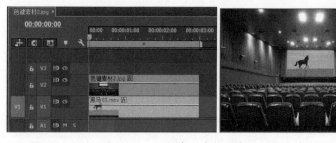

图 12-31 调整素材在轨道中的上下顺序

4. 键控三：蓝屏键

（1）从项目面板中将"色键素材 3.jpg"拖至项目面板下方的"新建项"按钮上，按素材的尺寸建立一个序列，并打开包括素材的序列时间轴，将"背景色"放置在底层轨道中，将"色键素材 3.jpg"放置在上层轨道中，如图 12-32 所示。

图 12-32 放置素材

（2）在效果面板中展开"视频效果"，将"键控"下的"蓝屏键"拖至时间轴中的键控素材上。调整"阈值"和"屏蔽度"，将颜色键出。因为画面较高，可以放大"背景色"的尺寸来查看键出效果，如图 12-33 所示。

图 12-33　添加"蓝屏键"效果

（3）从项目面板中将"黑马 03.mov"、"黑马 04.mov"和"黑马 05.mov"拖至时间轴的上层轨道中，先缩小画面，然后从效果面板中将"扭曲"下的"边角定位"拖至其上。在效果控件面板中选中"边角定位"，显示出效果的 4 个位置点，参照键控素材中相框的位置和大小，调整效果的 4 个位置点，将视频画面放置到相框上。

（4）删除底层的"背景色"，调整键控素材到顶层轨道中。使用变速工具将"黑马 05.mov"的长度拉长至 3 秒对齐，如图 12-34 所示。

图 12-34　放置素材画面

5．键控四：超级键

（1）从项目面板中将"色键素材 4.jpg"拖至项目面板下方的"新建项"按钮上，按素材的尺寸建立一个序列，并打开包括素材的序列时间轴，将"背景色"放置在底层轨道中，将"色键素材 4.jpg"放置在上层轨道中，如图 12-35 所示。

图 12-35　放置素材

（2）在效果面板中展开"视频效果"，将"键控"下的"超级键"拖至时间轴中的键控素材上。使用"主要颜色"右侧的吸管工具在素材画面中的颜色上单击，吸取要键出的颜色，然后调整"高光"和"降低饱和度",将颜色键出。因为画面较高,可以放大"背景色"的尺寸来查看键出效果,如图 12-36 所示。

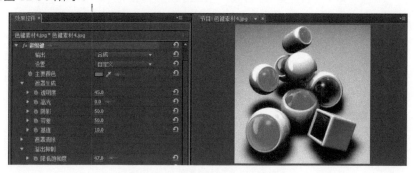

图 12-36 添加"超级键"效果

(3)从项目面板中将"黑马 04.mov"拖至时间轴的上层轨道中,先缩小画面,然后从效果面板中将"扭曲"下的"边角定位"拖至其上。在效果控件面板中选中"边角定位",这样显示出效果的 4 个位置点,调整效果的 4 个位置点,将视频画面放置到对应的位置。

(4)删除底层的"背景色",调整键控素材到顶层轨道中,如图 12-37 所示。

图 12-37 放置素材画面

6. 键控五:RGB 差值键

(1)从项目面板中将"色键素材 5.jpg"拖至项目面板下方的"新建项"按钮上,按素材的尺寸建立一个序列,并打开包括素材的序列时间轴,将"背景色"放置在底层轨道中,如图 12-38 所示。

图 12-38 放置素材

(2)在效果面板中将"键控"下的"RGB 差值键"拖至时间轴中的键控素材上。在效果控件面板中，使用"颜色"右侧的吸管工具在素材画面中的颜色上单击，吸取要键出的颜色，然后调整"相似性"、"平滑"选项，将颜色键出，并可以启用"投影"，如图 12-39 所示。

图 12-39　添加"RGB 差值键"

（3）删除底层的"背景色"，从项目面板中将"黑马 04.mov"拖至时间轴的底层轨道中，调整大小和位置，将视频显示在键出的区域中，如图 12-40 所示。

图 12-40　放置素材画面

7．其他键控效果

（1）同样，为"色键素材 6.jpg"和"色键素材 7.jpg"键控素材建立序列，进行键控操作，放置视频素材到键出的区域中。这里使用功能较强的"超级键"来进行键控操作，其中"色键素材 6.jpg"使用"超级键"的键控设置与效果如图 12-41 所示。

图 12-41　放置素材并设置键控

（2）"色键素材 7.jpg"使用"超级键"的键控设置与效果如图 12-42 所示。

8．建立"键控无处不在"序列并连接素材

（1）选择菜单命令"文件"→"新建"→"序列"（快捷键 Ctrl+N 组合键），打开"新建序列"对话框，在"序列预设"下展开 HDV，选中 HDV 720p25，"序列名称"设置为"键控无处不在"，单击"确定"按钮，建立一个序列。

图 12-42　放置素材并设置键控

（2）从项目面板中将所建立的多个键控素材序列拖至视频轨道中，并前后连接，然后将音频文件拖至音频轨道中，如图 12-43 所示。

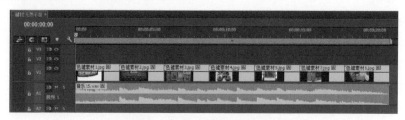

图 12-43　建立序列并放置素材

（3）在效果控件面板中为第一个片段设置"位置"关键帧动画，使其从上至下缓缓移动，如图 12-44 所示。

图 12-44　设置画面移动的动画

（4）在效果控件面板中为第二个片段设置"缩放"关键帧动画，使其缓缓放大，如图 12-45 所示。

图 12-45　设置画面放大的动画

（5）同样，为其他片段设置"位置"的关键帧动画，使每个画面都有缓缓移动的效果，这样完成实例的制作。

思考与练习

一、思考题

1. 键控制作是不是只要学会超级键就行了？

2. 拍摄键控人物的背景通常用什么颜色？

3. 在键控操作过程中查看蒙版有什么作用？

4. 列举几种键出蓝色背景可能用得上的效果。

二、练习题

1. 为实例中的键控素材使用不同的键控效果进行键出颜色的操作。

2. 使用"轨道遮罩键"效果制作文字笔画中显示画面的效果。

第13章

外挂插件

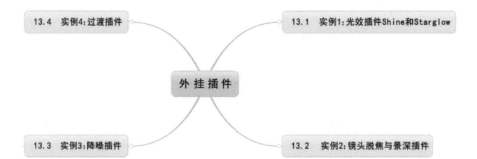

13.4　实例4:过渡插件

13.1　实例1:光效插件Shine和Starglow

外 挂 插 件

13.3　实例3:降噪插件

13.2　实例2:镜头脱焦与景深插件

插件的使用，能弥补软件自身无法实现的效果造成的缺憾。Premiere Pro 作为一个视频编辑软件的业界标准，有众多的第三方公司为其开发各种效果的外挂插件，这些插件在安装之后，可以在 Premiere Pro 中像内置效果或功能模块一样使用，扩展 Premiere Pro 的制作功能。

安装插件的方法通常有两种：一种为执行插件的安装文件，安装至 Premiere Pro 中调用；另一种为直接复制，将插件文件复制到 Premiere Pro 相应的效果文件夹之中，例如，默认安装路径为 C:\Program Files\Adobe\Adobe Premiere Pro CC\Plug-ins\Common。如果插件文件较多，可以在 Common 文件夹下建立一个新的文件夹，集中放置插件文件，便于管理。这里演示几个效果插件和过渡插件实例。

13.1 实例 1：光效插件 Shine 和 Starglow

Trapcode 出品的系列插件可以在 After Effects 中使用，Premiere Pro 中主要可以使用其中的 Shine 和 Starglow，这两种插件效果在各种制作中的使用率也相对较高。Shine 称为体积光效果，可简单有效地制作出文字或 Logo 放射光效，它也是很多初学者最早学习和使用的插件之一。Starglow 可以生成星辉形状的点光，为画面中的高光点增加梦幻般的光彩效果。

1. 太阳光芒效果

（1）新建项目文件。

（2）将准备好的"云 .mov"文件导入到项目面板中。

（3）将"云 .mov"拖至时间轴下部的"新建项"按钮上，新建一个序列，同时打开序列的时间轴面板，如图 13-1 所示。

图 13-1　在时间轴中放置素材

（4）从效果面板中展开"视频效果"，将"Trapcode"下的"Shine"拖至时间轴的素材上，然后在效果控件面板中将其"Transfer Mode"设为"Screen"，将"Colorize"设为"Fire"，然后设置光效的位置、长度、光线数量和细节，如图 13-2 所示。

图 13-2　添加并设置 Shine 效果

此时的光效如图 13-3 所示。

图 13-3　光效

2．辉光效果

（1）将准备好的"夜景 1.mov"文件导入到项目面板中。

（2）将"夜景 1.mov"拖至时间轴下部的"新建项"按钮上，新建一个序列，同时打开序列的时间轴面板，如图 13-4 所示。

图 13-4　在时间轴中放置素材

（3）从效果面板中展开"视频效果"，将"Trapcode"下的"Shine"拖至时间轴的素材上，然后在效果控件面板中将其"Transfer Mode"设为"Screen"，将"Colorize"设为"None"，然后设置光效的位置，利用视频画面本身的高亮部分产生辉光射线的效果，如图 13-5 所示。

图 13-5　添加并设置 Shine 效果

3．字色光效

（1）新建预设为 HDV 720p25 的序列。

（2）新建静态字幕，输入文字并设置字体、大小，居中放置，如图 13-6 所示。

图 13-6 建立字幕

（3）将字幕拖至时间轴中，从效果面板中展开"视频效果"，将"生成"下的"四色渐变"拖至时间轴的字幕上，使用其默认的渐变效果，如图 13-7 所示。

图 13-7 添加"四色渐变"效果

（4）在效果面板中将"Trapcode"下的"Shine"拖至时间轴的字幕上，然后在效果控件面板中将其"Transfer Mode"设为"Add"，将"Colorize"设为"None"，设置光效的长度和亮度，然后设置光效的位置和不透明度的关键帧动画。其中 Source Point 第 0 帧时为（230，360），第 1 秒时为（240，360），第 4 秒时为（990，360），第 4 秒 24 帧时为（990，360）。Shine Opacity 第 0 帧时为 0，第 1 秒时为 100，第 4 秒时为 100，第 4 秒 24 帧时为 0。效果控件面板中的设置如图 13-8 所示。

图 13-8 添加 Shine 光效并设置光效动画

（5）按空格键播放效果，光效中心从左向右移动的动画效果如图 13-9 所示。

图 13-9　光效的动画效果

4．叠加光效

（1）新建预设为 HDV 720p25 的序列。

（2）从项目面板中将前面建立的字幕拖至时间轴 V1 轨道的开始处，从效果面板中展开"视频效果"，将"生成"下的"渐变"拖至时间轴的字幕上，设置渐变的位置点和颜色，其中"起始颜色"为 RGB（171，255，183），"结束颜色"为 RGB（0，106，45），如图 13-10 所示。

图 13-10　为字幕添加渐变的效果

（3）暂时关闭 V1 的显示，将字幕再次拖至时间轴上，放置在 V2 轨道的开始处，在效果面板中将"Trapcode"下的"Shine"拖至时间轴的字幕上，然后在效果控件面板中设置其"不透度明"下的"混合模式"为"线性光"，设置"Shine"下的"Colorize"为"Deepsea"，设置光效的长度、数量细节和亮度，如图 13-11 所示。

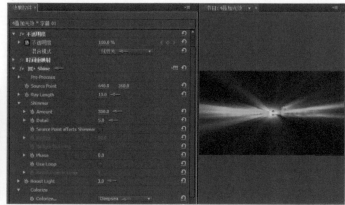

图 13-11　添加并设置 Shine 光效

（4）最后设置光效的位置和不透明度的关键帧动画。其中 Shine Opacity 第 0 帧时为 0，第 1 秒时为 100，第 4 秒时为 100，第 4 秒 24 帧时为 0。Source Point 第 1 秒时为（640，400），第 4 秒时为（640，300）。效果控件面板中的设置及动画效果如图 13-12 所示。

图 13-12　设置光效的关键帧动画

（5）按空格键播放效果，光效中心从下向上移动的动画效果如图 13-13 所示。

图 13-13　光效的动画效果

5. 星光效果

（1）新建预设为 HDV 720p25 的序列。

（2）将"夜景 2.mov"拖至时间轴下部的"新建项"按钮上，新建一个序列，同时打开序列的时间轴面板，如图 13-14 所示。

图 13-14　在时间轴中放置素材

（3）从效果面板中展开"视频效果"，将"Trapcode"下的"Starglow"拖至时间轴的素材上，然后在效果控件面板中选择其"Preset"为"Warm star"，设置光效的亮度，如图 13-15 所示。

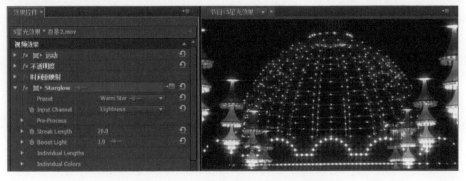

图 13-15　添加并设置 Starglow 效果

（4）选择其"Preset"为"Grassy star"，设置光效的长度和亮度，将得到不同色调的星光效果，如图 13-16 所示。

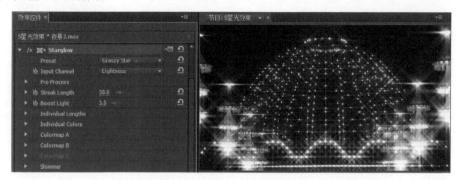

图 13-16　不同色调的星光效果

（5）将其"Preset"恢复为"Warm star"，再添加一个 Shine 效果，设置"Transfer Mode"为"Add"，然后设置光效的位置和亮度，在星光效果的基础上再产生放射的光芒射线效果，如图 13-17 所示。

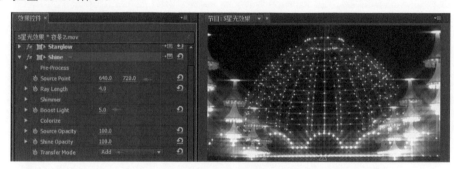

图 13-17　添加 Shine 光效

13.2　实例2：镜头脱焦与景深插件

摄影中一种非常重要的效果就是景深效果。在浅景深的摄影效果中，可以通过焦点前、后的虚实景物，在平面的空间中表现出很强的纵深空间感，并有助于引导注意力的集中。镜头脱焦除了可以模拟摄像技术上的特殊效果之外，还可以让画面传递情绪化的信息。这里介绍两个特殊用途的插件：镜头脱焦与景深，可以实现摄影机没有完成的镜头虚化效果，有很强的感染力。

1．镜头脱焦效果

（1）新建项目文件。

（2）将准备好的"夜景 3.mov"文件导入到项目面板中。

（3）将"夜景 3.mov"拖至时间轴下部的"新建项"按钮上，新建一个序列，同时打开序列的时间轴面板，如图 13-18 所示。

（4）从效果面板中展开"视频效果"，将 Firschluft 效果组下的"FL 脱焦"拖至时间轴的素材上，然后在效果控件面板中设置其"半径"从第 1 秒处为 0 增大到第 2 秒处为 50 的关键帧动画，此时画面逐渐出现镜头脱焦产生的模糊效果。与普通模糊效果不同的是，高光之处会产生光斑的效果，模糊画面的同时不失空间感，如图 13-19 所示。

图 13-18 在时间轴中放置素材

图 13-19 添加"FL 脱焦"效果

（5）可以对高光的光斑效果适当加强，方法是：先展开"选择高光"，勾选"激活"并选择"替代选择层"为当前的视频轨道，然后与"半径"关键帧对应，同步设置"增加高光"的关键帧，这里第 1 秒处为 0，第 2 秒处为 3，如图 13-20 所示。

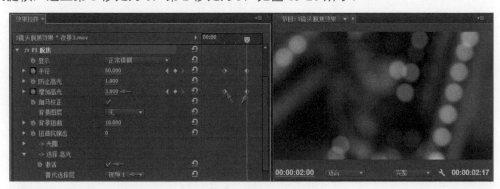

图 13-20 调整高光效果

脱焦的动画效果如图 13-21 所示。

图 13-21 脱焦的动画效果

2．六边形脱焦光斑

（1）默认的光圈为圆形，光斑也为圆形，这里使用参考的图像将其改变为六边形的效果。新建静态字幕，命名为"六边形"。先使用直线工具绘制一条水平线段，居中放置，然后在字幕面板中复制两份，分别旋转60°和120°，如图13-22所示。

图 13-22　在字幕面板中建立线段

（2）在字幕面板中使用钢笔工具在线段顶部依次单击绘制成一个六边形，将"图形类型"选择为"填充贝赛尔曲线"，如图13-23所示。

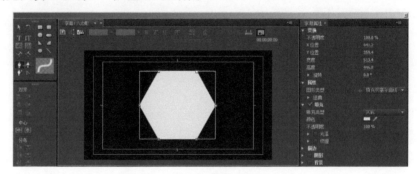

图 13-23　在字幕面板中绘制六边形

（3）将"六边形"放置到V1轨道中，将"夜景3.mov"放置在其上面的轨道中，然后在以上设置的"夜景3.mov"脱焦效果基础上，展开"光圈"，将"替代光圈"选择为"六边形"所在的轨道，即"视频1"，这样脱焦效果中的光斑变为六边形，如图13-24所示。

图 13-24　设置六边形的光斑

3．十字形脱焦光斑

（1）将准备好的"夜景4.mov"文件导入到项目面板中。

（2）将"夜景3.mov"拖至时间轴下部的"新建项"按钮上，新建一个序列，同时打开序列的时间轴面板。

（3）新建静态字幕，命名为"十字形"。使用钢笔工具绘制一个垂直的光束，将"图形类型"选择为"填充贝赛尔曲线"，居中放置，然后在字幕面板中复制一份，旋转 90°，如图 13-25 所示。

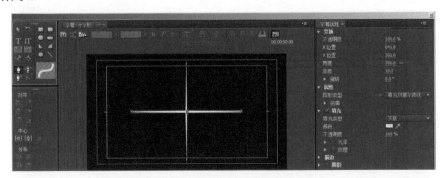

图 13-25　在字幕面板中制作十字光束图形

（4）图形均逆时针旋转 15°，并将水平方向上的光束缩短一点，形成倾斜的十字形状，如图 13-26 所示。

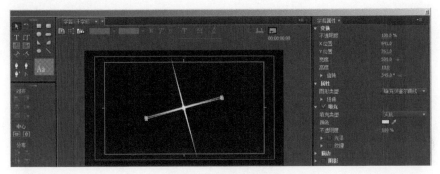

图 13-26　旋转图形角度

（5）将"十字形"放置在 V1 轨道中，在 V2 轨道和 V3 轨道中放置两份"夜景 4.mov"，然后暂时关闭下面两个轨道的显示，如图 13-27 所示。

图 13-27　在时间轴中放置素材

（6）从效果面板中展开"视频效果"，将"键控"下的"亮度键"拖至 V3 轨道的素材上，在效果控件面板中调整"屏蔽度"，只保留高光点，将其他部分键出，如图 13-28 所示。

（7）从效果面板中将 Firschluft 效果组下的"FL 脱焦"拖至时间轴 V3 轨道的素材上，设置"替代光圈"为"视频 1"，勾选"选择高光"下的"激活"，将"替代选择层"设为"视频 3"。然后设置其"半径"第 1 秒处为 0，第 2 秒处为 50；设置"增加高光"第 1 秒处为 0，第 2 秒处为 1。这样，仅为亮光点设置产生光斑的动画效果，如图 13-29 所示。

图 13-28　添加"亮度键"

图 13-29　添加"FL 脱焦"效果

（8）恢复关闭轨道的显示，从效果面板中将 Firschluft 效果组下的"FL 脱焦"再拖至时间轴 V2 轨道的素材上，设置"替代光圈"为"视频 1"，然后设置其"半径"第 1 秒处为 0，第 2 秒处为 10，如图 13-30 所示。

图 13-30　设置效果中"半径"的关键帧

这样，高光点的大幅度脱焦效果可以形成明显的十字形光斑，分开为整个视频画面设置少量的镜头脱焦效果，可以保证画面内容的显示，效果如图 13-31 所示。

图 13-31　十字光斑的动画效果

4．景深虚焦效果

（1）将准备好的"夜景 5.mov"文件导入到项目面板中。

（2）将"夜景 5.mov"拖至时间轴下部的"新建项"按钮上，新建一个序列，同时打开序列的时间轴面板。

（3）新建静态字幕，命名为"渐变"。直接在字幕属性面板下部勾选"背景"，"填充类型"设为"线性渐变"，左侧的颜色块设置为白色，右侧的颜色块设置为黑色，制作一个从下至下的渐变背景，如图 13-32 所示。

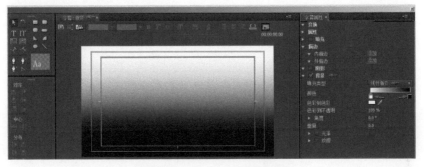

图 13-32　建立渐变的字幕背景

（4）将"渐变"字幕放置在 V1 轨道中，将"夜景 5.mov"放置到 V2 轨道中，如图 13-33 所示。

图 13-33　在时间轴中放置素材

（5）从效果面板中将 Firschluft 效果组下的"FL 景深"拖至时间轴 V2 轨道的素材上，设置"深度图层"为"视频 1"，调整"半径"，产生景深模糊效果，此时为下虚上实，即画面中的近虚远实，焦点在远处，如图 13-34 所示。

图 13-34　添加"FL 景深"效果

（6）可以在"高光选择"下勾选"激活"，将"替代选择层"选择为"视频 2"，即视频本身，改善其高光部分的效果。设置产生景深模糊和焦点偏移的动画关键帧，"半径"第 1 秒时为 0，第 2 秒时为 10。"焦点"第 2 秒时为 0，第 4 秒时为 255，如图 13-35 所示。

图 13-35　设置效果中的关键帧

查看效果，视频画面逐渐产生景深虚焦效果，焦点从画面下部的近处逐渐偏移至画面上部的远处，如图 13-36 所示。

图 13-36　景深虚焦动画效果

13.3　实例 3：降噪插件

不论多么专业的摄影机，视频画面中的噪点始终会伴随着摄影的素材一起存在，在光线不充足或摄影设备功能有限时，后期制作中经常会被噪点问题所困扰。噪点太多意味着素材指标不合格，因此降噪也成为后期制作中对前期拍摄的一种补救措施。这里介绍一个降噪插件的使用，可以在一定程度上改善素材的噪点问题。

（1）新建项目文件。

（2）将准备好的"噪点素材 1.mov"文件导入到项目面板中。

（3）将"噪点素材 1.mov"拖至时间轴下部的"新建项"按钮上，新建一个序列，同时打开序列的时间轴面板。可以看到，画面中存在大量的噪点，如图 13-37 所示。

图 13-37　在时间轴中放置素材并查看噪点

（4）在效果面板中展开"视频效果"，在 Neat Video 下将 Reduce noise 拖至时间轴的素材上。在效果控件面板中，单击效果右侧的设置按钮，准备在其设置窗口中进行操作，如图 13-38 所示。

（5）在设置窗口的 Device Noise Profile 选项卡中，单击 Auto Fine-Tune，自动检测和改善画面的噪点，如图 13-39 所示。

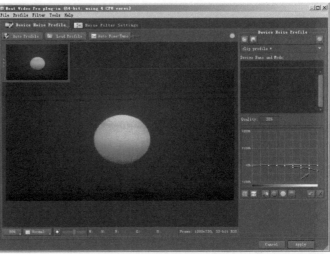

图 13-38 为素材添加 Reduce noise 效果　　　　图 13-39 打开设置窗口进行降噪

（6）在设置窗口的 Noise Filter Settings 选项卡中，可以查看消除噪点之后的效果，如图 13-40 所示。

图 13-40 查看消除噪点之后的效果

（7）单击 Apply 按钮，应用当前的降噪设置，退出设置窗口，可以看到原来视频画面中的噪点得到了改善。

13.4 实例 4：过渡插件

过渡插件也是 Premiere Pro 外挂插件中的一大类，不过随着鉴赏和制作水平的提高，花哨的过渡效果在各类制作中使用频率越来越低，对其做适当了解即可。这里介绍 FilmImpact 组的部分过渡插件。

（1）新建项目文件。

（2）将准备好的"汽车 1.mov"和"汽车 4.mov"文件导入到项目面板中。

（3）新建序列，在打开的"新建序列"对话框中，将预设选择为 HDV 720p25。

（4）将"汽车 1.mov"和"汽车 2.mov"拖至时间轴的 V1 轨道中，前后均剪去 1 秒以上，前后连接，准备在素材片段之间添加过渡插件效果，如图 13-41 所示。

图 13-41　在时间轴中放置素材

（5）在效果面板中展开"视频过渡"，将 FilmImpact.net.I 下的 Impact Copy Machine 拖至两个素材片段之间添加过渡，查看插件的过渡效果，可以单击"自定义"按钮打开自定义设置，对过渡进行效果调整。在效果控件面板中的过渡设置及效果如图 13-42 所示。

图 13-42　添加 Impact Copy Machine 过渡

在自定义过渡设置对话框中调整颜色等效果，如图 13-43 所示。

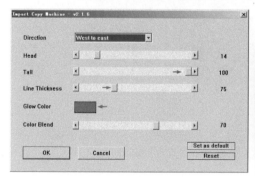

图 13-43　自定义过渡设置

查看过渡效果如图 13-44 所示。

（6）在效果面板中将 FilmImpact.net.I 下的 Impact Flash 拖至两个素材片段之间添加过渡，查看插件的过渡效果。效果控件面板中过渡的设置及效果如图 13-45 所示。

图 13-44　过渡效果

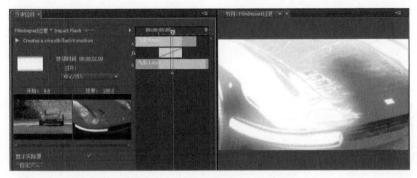

图 13-45　添加 Impact Flash 过渡

（7）在效果面板中将 FilmImpact.net.I 下的 Impact Push 拖至两个素材片段之间添加过渡，查看插件的过渡效果。效果控件面板中过渡的设置及效果如图 13-46 所示。

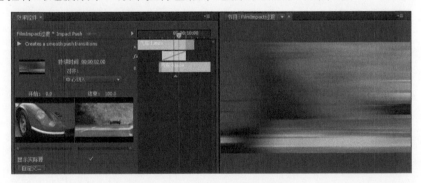

图 13-46　添加 Impact Push 过渡

（8）在效果面板中将 FilmImpact.net.II 下的 Impact Chroma Leaks 拖至两个素材片段之间添加过渡，查看插件的过渡效果。效果控件面板中过渡的设置及效果如图 13-47 所示。

图 13-47　添加 Impact Chroma Leaks 过渡

（9）在效果面板中分别将 FilmImpact.net.II 下的 Impact Glass、Impact Radial Blur、Impact VHS Damage 及 Impact Zoom Blur 拖至两个素材片段之间添加过渡，分别查看插件的过渡效果，如图 13-48 所示。

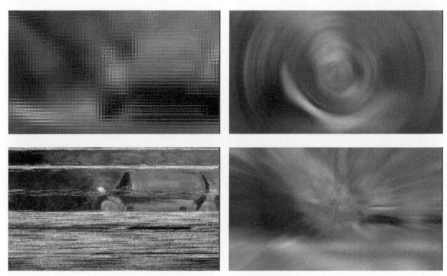

图 13-48　添加几种过渡效果

思考与练习

一、思考题

1．在 Premiere Pro CC 中如何使用插件？

2．素材添加光效时需要具备哪些条件效果更好？

3．如何调整光效的颜色？

二、练习题

安装并试用已有的插件。

第 14 章

综合实例：照片飘落动画

7. 建立"照片飘落动画"序列

1. 新建项目和导入素材

6. 建立"桌面"序列

2. 建立"统一图片尺寸"序列

综合实例：照片飘落动画制作步骤

3. 建立"照片飘落1"序列

5. 建立"照片飘落3"序列

4. 建立"照片飘落2"序列

14.1 实例介绍

　　Premiere Pro CC 主要用来剪辑和编排视频节目，不过也有一定的效果包装制作功能，可以对一些不太复杂的包装效果进行制作。这里利用 Premiere Pro CC 自身综合的功能来进行包装动画的实例制作。

　　本实例充分发挥 Premiere Pro CC 中综合的制作功能，将图片包装制作成飘落的动画，实现一些本来需要合成软件才能完成的效果制作。先对大小不同的照片素材进行尺寸的统一处理，然后制作多组照片下落到桌面，并添加文字和音乐，合成完整的效果动画。这个实例也具有模板的功能，可以使用不同尺寸的图片、不同的文字来进行相应的替换操作，得到新的内容包装动画。实例效果，如图 14-1 所示。

图 14-1　实例效果

14.2 实例制作步骤

1．新建项目和导入素材

　　（1）新建项目文件。

　　（2）将准备好的 image01.png 至 image13.png 共 13 个图片文件，以及"木纹 .jpg"音乐文件一同导入到项目面板中。其中各个图像素材的大小不尽相同，如图 14-2 所示。

图 14-2　素材缩略图

2．建立"统一图片尺寸"序列

　　（1）新建序列（Ctrl+N 组合键），在打开的"新建序列"对话框中，先在"序列预设"选项卡中将预设选择为 HDV 720p25，然后在"设置"选项卡中将"编辑模式"选择为"自定义"，将"视频"下的"帧大小"的"水平"设为 1000，"垂直"设为 700，"序列名称"命名为"统一图片尺寸"，单击"确定"按钮，建立序列，如图 14-3 所示。

图 14-3 选择序列预设并更改

（2）将项目面板中的 image01.png 至 image13.png 拖至时间轴中制作成统一大小的照片，并且均设为 30 秒的长度。先在项目面板选中 image01.png 至 image13.png，在其上右击，选择快捷菜单命令"速度 / 持续时间"，打开"剪辑速度 / 持续时间"对话框，设置"持续时间"为 30 秒，单击"确定"按钮，如图 14-4 所示。

图 14-4 修改图像素材默认的持续时间

（3）将这些图片拖至序列时间轴 V1 轨道的开始位置，可以看每张图片均以 30 秒的长度相互连接，在每张图片连接位置按 M 键添加时间轴标记点，如图 14-5 所示。

图 14-5 放置素材并添加标记点

（4）全选时间轴中的图片，在其上右击，选择快捷菜单命令"缩放为帧大小"，初步调整使图片大小适应当前序列的节目监视器画面大小。

（5）按 Ctrl+T 组合键新建字幕，其大小与当前序列一致，命名为"照片白边"。使用矩形工具绘制一个大的矩形，在"变换"下设置"宽度"为 1000，"高度"为 700，居中放置。在字幕面板中，取消"填充"的勾选，在"描边"下单击"内描边"后的"添加"，添加一个"内描边"，将其"大小"设为 25，"颜色"设为白色，如图 14-6 所示。

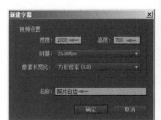
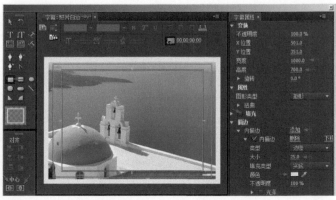

图 14-6 新建字幕制作边框图形

（6）从项目面板中将"照片白边"拖至时间轴 V2 轨道的开始位置，其出点与 V1 轨道的结束位置一致，如图 14-7 所示。

图 14-7 添加字幕图形到时间轴

3．建立"照片飘落 1"序列

（1）新建序列（Ctrl+N 组合键），在打开的"新建序列"对话框中，先在"序列预设"选项卡中将预设选择为 HDV 720p25，然后在"设置"选项卡中将"编辑模式"选择为"自定义"，将"视频"下的"帧大小"设置"水平"为 2560，设置"垂直"为 1440，"序列名称"命名为"照片飘落 1"，单击"确定"按钮，建立序列，如图 14-8 所示。

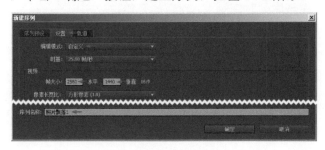

图 14-8 新建序列并设置帧大小

提 示

可以在原数值 1280 和 720 后输入"*2"，这样会自动换算成 2560 和 1440。

（2）从项目面板中将"统一图片尺寸"拖至时间轴 V1 轨道的开始位置，按其上的标记点分割出前 5 段照片，保留前 5 段视频照片部分，删除其余的部分，如图 14-9 所示。

图 14-9　放置素材并剪辑

（3）在效果面板中的"视频效果"下展开"扭曲"，将"紊乱置换"拖至第一段照片上，使其产生扭曲的效果。在效果控件面板中设置"紊乱置换"下的"数量"为 10，"大小"为 500，"演化"为 90°，如图 14-10 所示。

图 14-10　为照片图像添加扭曲的效果

（4）选中第一段照片，在效果控件面板中展开"运动"，设置"位置"和"缩放"的动画关键帧，第 0 帧时为"位置"为（2000，-400），"缩放"为 150；第 1 秒时"位置"为（1133，700），"缩放"为 100，如图 14-11 所示。

图 14-11　设置第一段照片"运动"下的关键帧

（5）这样制作照片从画面右上角落到画面中间的效果，如图 14-12 所示。

图 14-12　查看动画效果

（6）将第二段照片拖至 V2 轨道的第 1 秒 12 帧处，选中第一段照片，按 Ctrl+C 组合键复制，再选中第二段照片，按 Ctrl+Alt+V 组合键粘贴属性，并调整效果控件面板中"运动"下的设置，制作不同的飘落动画，其中"位置"第 1 秒 12 帧时为（2100，-700），第 2 秒 12 帧时为（600，450），然后设置"旋转"为 10°，如图 14-13 所示。

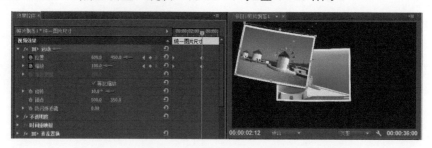

图 14-13　设置第二段照片"运动"下的属性和关键帧

（7）将第三段照片拖至 V3 轨道的第 3 秒处，选中第一段照片，按 Ctrl+C 组合键复制，再选中第三段照片，按 Ctrl+Alt+V 组合键粘贴属性，并调整效果控件面板中"运动"下的设置，制作不同的飘落动画，其中"位置"第 3 秒时为（2500，-700），第 4 秒时为（1950，600），然后设置"旋转"为 20°，如图 14-14 所示。

图 14-14　设置第三段照片"运动"下的属性和关键帧

（8）将第四段照片拖至 V4 轨道的第 4 秒 12 帧处，选中第一段照片，按 Crtrl+C 组合键复制，再选中第四段照片，按 Ctrl+Alt+V 组合键粘贴属性，并调整效果控件面板中"运动"下的设置，制作不同的飘落动画，其中"位置"第 4 秒 12 帧时为（2000，-700），第 5 秒 12 帧时为（1600，1000），然后设置"旋转"为 -5°，如图 14-15 所示。

图 14-15　设置第四段照片运动下的属性和关键帧

（9）将第五段照片拖至 V5 轨道的第 6 秒处，选中第一段照片，按 Crtrl+C 组合键复制，再选中第五段照片，按 Ctrl+Alt+V 组合键粘贴属性，并调整效果控件面板中"运动"下的设置，制作不同的飘落动画，其中"位置"第 6 秒时为（2500，-700），第 7 秒时为（1750，850），设置"旋转"为 4°，如图 14-16 所示。

（10）时间轴中的照片放置如图 14-17 所示。

图 14-16 设置第五段照片"运动"下的属性和关键帧

图 14-17 时间轴中的照片放置

（11）在效果面板中的"视频效果"下展开"透视"，将"放射阴影"拖至第五段照片上，使其产生投影效果。在效果控件面板中设置"光源"为（1280，-500），"投影距离"为2，"柔和度"为20。然后选中设置好的"放射阴影"，按 Ctrl+C 组合键复制，再选中其余 4 段照片，按 Ctrl+V 组合键粘贴效果，对其余 4 段照片也应用同样的投影效果，如图 14-18 所示。

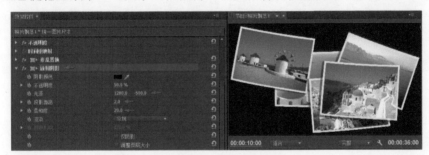

图 14-18 添加阴影效果

4. 建立"照片飘落 2"序列

（1）同样新建序列，"帧大小"设置成"水平"为2560，"垂直"为1440，名称为"照片飘落2"。

（2）从项目面板中将"统一图片尺寸"拖至时间轴 V1 轨道的开始位置，按其上的标记点分割出第六至第九段视频照片部分，删除其余的部分，如图 14-19 所示。

图 14-19 建立"照片飘落 2"序列并剪辑素材

（3）将第六段照片放置在时间轴 V1 轨道开始位置，将第七段照片放置在 V2 轨道开始位置，将第八段照片放置在 V3 轨道第 2 秒处，将第九段照片放置在 V4 轨道第 3 秒 12 帧处，如图 14-20 所示。

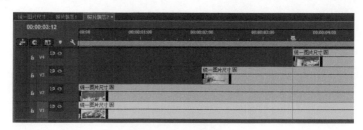

图 14-20　放置素材

（4）切换到"照片飘落 1"序列时间轴中，选中一段照片，在效果控件面板中，按住 Ctrl 键单击选中"紊乱置换"和"放射阴影"效果，按 Ctrl+C 组合键复制，再切换回"照片飘落 2"序列时间轴中，按 Ctrl+A 组合键选中全部照片，按 Ctrl+V 组合键粘贴效果。

（5）设置 V1 轨道和 V2 轨道中的照片摆放的位置。选中 V2 轨道中的照片，在效果控件面板中，"位置"设置为（1800，850），"旋转"设置为 -4°。选中 V1 轨道中的照片，在效果控件面板中，"位置"设置为（880，700），"旋转"设置为 6°，如图 14-21 所示。

图 14-21　设置 V1 和 V2 轨道中照片"运动"下的属性

（6）设置 V3 轨道中的照片飘落的位置。第 2 秒时"位置"为（2200，-1000），"缩放"为 150，第 3 秒时"位置"为（1650，700），"缩放"为 100，设置"旋转"为 -85°，如图 14-22 所示。

图 14-22　设置 V3 轨道中照片"运动"下的属性和关键帧

（7）设置 V4 轨道中的照片飘落的位置。其中第 3 秒 12 帧时"位置"为（2200，-700），"缩放"为 150，第 4 秒 12 帧时"位置"为（1650，850），"缩放"为 100，设置"旋转"为 13°，如图 14-23 所示。

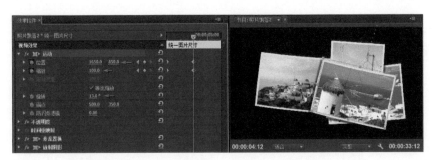

图 14-23　设置 V4 轨道中照片"运动"下的属性和关键帧

5. 建立"照片飘落 3"序列

（1）同样新建序列，"帧大小"设置成"水平"为 2560，"垂直"为 1440，名称为"照片飘落 3"。

（2）从项目面板中将"统一图片尺寸"拖至时间轴 V1 轨道的开始位置，按其上的标记点分割出第 10 ～ 13 段视频照片部分，删除其余的部分。

（3）将第 10 段照片放置在 V1 轨道开始位置，将第 11 段照片放置在 V2 轨道第 1 秒 12 帧处，将第 12 段照片放置在 V3 轨道第 3 秒处，将第 13 段照片放置在 V4 轨道第 4 秒 12 帧处，如图 14-24 所示。

图 14-24　建立"照片飘落 3"序列并放置素材

（4）与"照片飘落 1"序列相似，为"照片飘落 3"中的照片添加"紊乱置换"和"放射阴影"效果，并设置飘落的关键帧动画。其中"运动"下从第 0 帧至第 5 秒 12 帧的关键帧动画设置如图 14-25 所示。

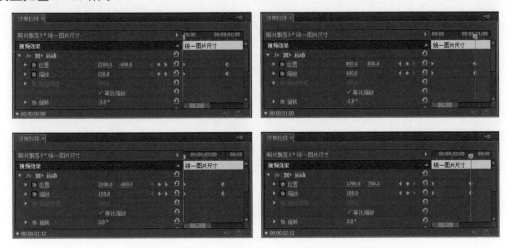

图 14-25　设置"照片飘落 3"序列中的动画效果

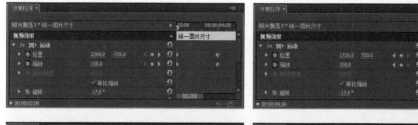

图 14-25　设置"照片飘落 3"序列中的动画效果（续）

（5）查看动画效果，如图 14-26 所示。

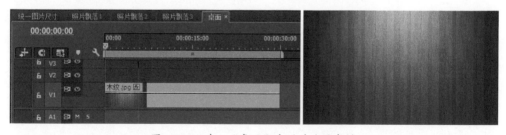

图 14-26　查看动画效果

6. 建立"桌面"序列

（1）同样新建序列，"帧大小"设置成"水平"为 2560，"垂直"为 1440，名称为"桌面"。

（2）从项目面板中将"木纹.jpg"拖至"桌面"时间轴 V1 轨道的开始位置，长度设为 30 秒。在其上右击，选择快捷菜单命令"缩放为帧大小"，如图 14-27 所示。

图 14-27　建立"桌面"序列并放置素材

7. 建立"照片飘落动画"序列

（1）新建序列（Ctrl+N 组合键），在打开的"新建序列"对话框中，在"序列预设"选项卡中将预设选择为 HDV 720p25，序列的名称命名为"照片飘落动画"，单击"确定"按钮，建立序列。

（2）从项目面板中将"桌面"拖至时间轴 V1 轨道的开始处，将"照片飘落 1"拖至时间轴 V2 轨道的开始处，将"照片飘落 2"拖至时间轴 V3 轨道的第 8 秒处，将"照片飘落 3"拖至时间轴 V4 的第 14 秒处，出点均为第 30 秒处，如图 14-28 所示。

图 14-28 新建"照片飘落动画"序列并放置素材

（3）在效果面板中的"视频效果"下展开"透视"，将"基本 3D"效果拖至"桌面"上。在"效果控件"面板中设置"倾斜"为 -20°，"与图像的距离"为 -30，如图 14-29 所示。

图 14-29 为桌面添加透视效果

（4）同样为"照片飘落 1"、"照片飘落 2"和"照片飘落 3"添加"基本 3D"效果，并调整各自的位置和旋转角度，如图 14-30 所示。

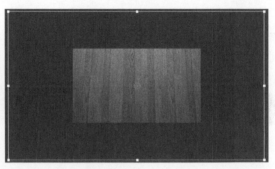

图 14-30 为照片添加相同的透视效果

（5）此时的摆放效果，如图 14-31 所示。

图 14-31 摆放照片

（6）按 Ctrl+T 组合键新建字幕，大小与当前序列一致，命名为"标题"，输入一行中文"旅游摄影"和一行英文 Travel Photography，进行设置并居中放置，如图 14-32 所示。

图 14-32　建立标题字幕

（7）将"标题"字幕拖至时间轴 V5 轨道的第 24 秒处，出点与其下的轨道的出点一致。单击选中 V5 轨道，使其处于激活状态，将时间定位在第 24 秒处，按 Ctrl+D 组合键为"标题"添加一个"交叉溶解"过渡，如图 14-33 所示。

图 14-33　放置标题字幕并添加过渡

（8）最后为三组照片与桌面设置共同平移的动画效果。因为是桌面与三组照片共同平移，而且这 4 个片段的"位置"各不相同，所以采取设置这 4 个片段"锚点"的同步动画来实现。另外，因为当前结束的状态已经确定，可以采取从后向前反推的形式来设置动画关键帧。对照节目监视器面板中的效果，最终设置动画关键帧如下。

在第 23 秒处，单击打开这 4 个片段"锚点"前面的秒表，记录下当前数值的关键帧；
在第 22 秒和第 15 秒处，设置"照片飘落 3"的"锚点"均为（1920，360）；
然后为"照片飘落 2"、"照片飘落 1"和"桌面"这三个片段的上述两个时间也设置相同的数值，如图 14-34 所示。

（9）在第 14 秒和第 9 秒处，设置"照片飘落 2"的"锚点"均为（1316，1166）；然后为"照片飘落 1"和"桌面"这两个片段的上述两个时间也设置相同的数值，如图 14-35 所示。

（10）在第 8 秒处，设置"照片飘落 1"的"锚点"为（260，500）；然后为"照片飘落 2"和"桌面"这两个片段同一时间也设置相同的数值，如图 14-36 所示。

图 14-34　设置关键帧

图 14-35　设置关键帧

图 14-36　设置关键帧

（11）最后为动画配音，播放并查看最终的动画效果。

思考与练习

一、思考题

1．Premiere Pro CC 是剪辑软件，涉及效果包装的部分，是否都需要 After Effects 等其他软件去制作？

2．怎样统一长和宽各不相同的素材？

3．对于已经导入的图像，怎样快速更改默认长度？

二、练习题

1．使用实例素材重新制作类似的、但动画方式不一样的效果。

2．将动画项目文件当作模板，使用新的素材进行替换，并使用新的标题。

第 15 章

软件综合制作：影视预告片

7. 预览输出结果

1. 新建项目和导入素材

2. 建立"素材剪切"序列并分割素材

6. 合成音乐

软件综合制作：影
视预告片制作步骤

3. 在"预告片"时间轴中剪辑素材

5. 缩剪和修饰镜头衔接

4. 制作文字特效

15.1　实例介绍

在 Adobe 公司的视频制作软件中，与 Premiere Pro 联系紧密的一款常用软件是 After Effects，二者在实际的制作工作中往往相互配合使用。利用 After Effects 可以为 Premiere Pro 提供精细的片段包装或特效处理，并且可以在这两个软件之间建立可随时更新修改结果的链接关系，为同时使用这两个软件进行目标制作提供解决方案。这里以制作影视预告片为例介绍在 Premiere Pro 中链接 After Effects 的合成素材。首先介绍了解预告片的相关内容。

1．电影预告片的作用

电影预告片英文为 Trailer，国内影视界将电影或电视剧的预告片称为"片花"。但"片花"一词有另外一个更常用的意思，在很多地方它是指影片的"预售"。电影院在正片放映之前，通常会放映一些其他电影的预告片，每部预告片一般为 30 秒至 2 分 30 秒的长度。预告片的重要性超过我们一般人的想象，它是吸引观众最有效的手段之一。从行销学的角度讲，它诉诸已经表现出购买意愿的消费者，因此其广告和诱导的作用尤其显著。

2．电影预告片的历史

预告片最早出现于 1912 年，当初是跟在正片后放映的（英文的 Trail 一词是指"跟在什么后面"）。第一部好莱坞预告片是为影片《凯瑟琳的冒险》所做的，观众看到主角掉进一个狮子穴里，银幕上接着打出"她能逃脱吗？请看下周新片"的字样。后来，预告片慢慢形成自己的风格。

预告片基本上可以分为含蓄和夸张这两大类，潮流总是在这两者之间摇摆。最初的预告片通常都标榜"最壮观"、"最爆笑"、"最豪华"等，但"最"字用多了，效果便渐渐消失。在腻烦了"最最最"之后，后来的预告片喜欢含蓄，吊人胃口。这种风格是由一个广告商开创的：1968 年，派拉蒙聘请扬雅广告公司著名策划人福兰克福为影片《罗丝玛丽的婴儿》制作预告片，他完全放弃影片的情节，而是在银幕上放映一个婴儿摇篮的剪影，伴随着婴儿的哭喊声，然后便是广告语："为罗丝玛丽的婴儿祈祷吧。"该预告片成了行业标杆。他为 1979 年的《异形》制作的预告片没有用一个影片的镜头，整部预告片是一个外层空间的慢摇镜头，在亮出片名的个别字母后，最终才合成整个词，然后是那句经典的广告语："在太空，没人能听到你的惊叫。"

3．预告片的艺术

预告片的制作是一种艺术。如果觉得好的预告片是把影片的故事情节总结一下，那就大错特错了。凡是带有悬念的影片，预告片是不可以把老底揭穿的，不然观众看过了"压缩版"，就不再想看"加长版"的了。制作预告片最头痛的事，就是决定要不要以影片中最精彩的镜头和台词"先声夺人"。如果不把最棒的东西拿出来炫耀，难以让观众知道影片的精彩；但如果把家底亮出来了，那么看正片时观众说不定会失望，尤其是喜剧，那些笑话和包袱若被抖出来，第二次再看，效果肯定会受影响。有人说，预告片相当于"拉弓"，而不是"射箭"；如果这时把箭给射了，那影片就成了"倒高潮"；即便是"射箭"，也千万不能"中靶"。

所谓预告片，就是提炼、提炼、再提炼。一般来说，如果一部影片有 10 多个出彩的地方，预告片中可以用上两三个。但影片本身如果只有两三处出彩的地方，那么预告片就会两头为难，需要另辟蹊径了，即便这样，通过努力仍有可能把一部平庸的影片，提炼得让人望眼欲穿。

4. 本实例电影素材及制作要求

本实例中素材的电影名称为 SPIDER-MAN（蜘蛛侠），作为教学和实践操作，本着化繁为简和方便操作的原则，为制作预告片提供了一段预选的影片素材。分析素材内容，主要分为 3 个部分："惩恶扬善"、"隐藏身份"和"空中穿梭"。"惩恶扬善"部分主要为蜘蛛侠惩治抢劫匪徒，解救平民百姓，以及人们热议蜘蛛侠传奇故事等内容；"隐藏身份"内容是蜘蛛侠为了隐藏身份躲藏在房间的天花板上，不料关键时刻身上伤口滴下了一滴血；"空中穿梭"为蜘蛛侠在城市高楼大厦的"森林"上空攀附跳跃、自由穿梭。

本实例中所要求制作的预告片长度为 1 分 30 秒。

5. 本实例预告片制作思路

本实例预告片需要剪辑影片素材、合成文字信息和音乐效果。实例素材中的"隐藏身份"情节惊险，但节奏较缓，可以放在开始处，"惩恶扬善"镜头较多，是电影的主要内容，可以放在中间作为主体，"空中穿梭"镜头较少，但多是特技和视觉镜头，引人入胜，放在结尾处，起压轴的作用。

按照这样的思路对素材进行挑选与剪辑，对"隐藏身份"和"惩恶扬善"部分，以剪辑为主，使用原片音频；文字信息均制作成文字特效动画，然后将文字特效与"空中穿梭"镜头进行穿插剪辑，并合成的音乐，作为预告片的高潮部分；最后以 SPIDER-MAN 立体特效文字标题配合震撼音乐效果收尾。

6. 本实例制作流程

在本实例中，化繁为简，用逐步的实战操作演示，讲解预告片最快捷的制作过程。实战操作部分的制作流程如下：新建项目和导入素材→建立序列和挑选素材→组合和剪辑素材→制作文字特效→缩剪片长→修饰镜头→合成音乐→预览输出。

部分效果如图 15-1 所示。

图 15-1 实例效果

15.2 实例制作步骤

1. 新建项目和导入素材

（1）启动 Premiere Pro CC 软件，新建项目。

（2）选择菜单命令"文件"→"导入"（快捷键为 Ctrl+I 组合键），导入影片素材 SPIDER-MAN.avi 和音频素材"预告片音频 1.wav"、"预告片音频 2.wav"。

（3）预览影片素材，整个影片素材大致分为三个部分，1 分 06 秒前的部分为蜘蛛侠"惩恶扬善"的镜头，1 分 06 秒至 1 分 44 秒为蜘蛛侠"隐藏身份"的镜头，最后一部分为蜘蛛侠"空中穿梭"的镜头。素材的镜头较多，针对三部分按顺序分别选出的三个画面，如图 15-2 所示。

图 15-2　从上至下依次为"惩恶扬善"、"隐藏身份"和"空中穿梭"的几个镜头

（4）在项目面板中双击 MAIN TITLES.wav，将其在源面板中打开，显示音频的波形，播放和监听音频，开始时音乐渐起，节奏紧张急促，接着旋律变得气势恢弘，最后部分为音乐的高潮，并缓缓结束。音频文件如图 15-3 所示。

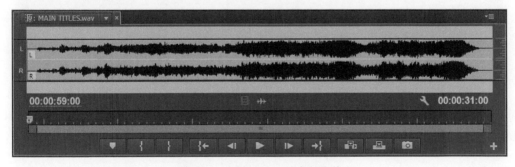

图 15-3　以波形显示的音频文件

2. 建立"素材剪切"序列并分割素材

（1）选择菜单命令"文件"→"新建"→"序列"（快捷键为 Ctrl+N 组合键），在打开的"新建序列"对话框中，选择 DV-PAL 下的"宽屏 48kHz"，设置"序列名称"为"素材剪切"，单击"确定"按钮，建立一个序列，如图 15-4 所示。

（2）这里按照对素材的分析和制作思路，对素材进行挑选和分割，初步剪切出需要的镜头。从项目面板中将 SPIDER-MAN.avi 拖至"素材剪切"时间轴中，准备进行分割，如图 15-5 所示。

图 15-4　新建序列

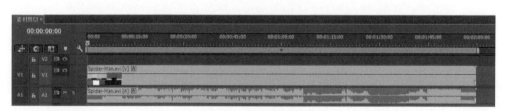

图 15-5　放置影片素材

（3）在时间轴中移动时间指示器，分别在主要的镜头切换时间点处按 Ctrl+K 组合键进行分割，为进行下一步编辑准备好素材片段。这里分别在以下时间点处进行分割：5:00，1:06:17，1:44:16，1:55:00。

依次将"惩恶扬善"、"隐藏身份"和"空中穿梭"这三部分镜头及首尾彩条分割开。可以在三部分素材的分割处按 M 键，在时间标尺上添加两个标记点，方便区分，如图 15-6 所示。

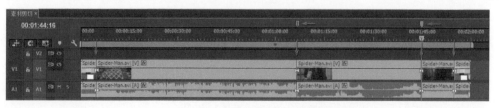

图 15-6　将素材的三部分分割开并添加标记点

（4）在"惩恶扬善"部分中还含有部分"空中穿梭"效果的镜头，这里也将其挑选出来。分别在以下时间点处按 Ctlr+K 组合键进行分割：

16:00，18:15，40:13，42:11，1:03:18，1:04:18，1:05:08

这样依次分割镜头素材，分割的时间轴如图 15-7 所示。

图 15-7　挑选"空中穿梭"效果的镜头进行分割

挑选分割出来的 5 个"空中穿梭"镜头，在后面的制作中备用，如图 15-8 所示。

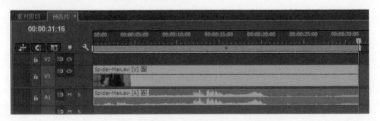

图 15-8　"空中穿梭"镜头的画面

3. 在"预告片"时间轴中剪辑素材

（1）选择菜单命令"文件"→"新建"→"序列"（快捷键为 Ctrl+N 组合键），新建一个与"素材剪切"相同预设的时间轴，命名为"预告片"。

（2）在"素材剪切"时间轴中选中第二部分"隐藏身份"的素材，按 Ctrl+C 组合键复制，切换到"预告片"时间轴中，按 Ctrl+V 组合键粘贴，然后在 31 秒 16 帧处按 Ctrl+K 组合键分割素材，并删除后面的素材，如图 15-9 所示。

图 15-9　剪辑出"隐藏身份"的素材

> **提　示**
>
> 　　建立一个"源素材"序列和一个"在编节目"序列，然后从"源素材"序列时间轴中挑选素材放置到"在编节目"序列时间轴中进行编辑，这在素材较长时，是一种实用的后期制作方法。

（3）在"素材剪切"时间轴选中第一部分"惩恶扬善"的素材，即 5:00 ～ 16:00、18:15 ～ 40:13 及 42:11 ～ 1:03:18 这三个素材，按 Ctrl+C 组合键复制，切换到"预告片"时间轴中，在原有素材之后，按 Ctrl+V 组合键粘贴，如图 15-10 所示。

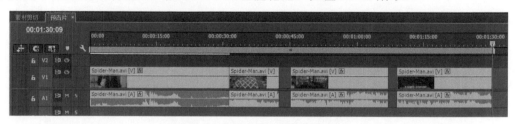

图 15-10　放置"惩恶扬善"的素材

（4）对这部分素材片段进行进一步剪辑，分割开报纸内容的镜头。这里在粘贴后的素材位置上进行分割，各分割时间点为：49:00，52:00，1:09:15，1:13:11，1:20:17，如图 15-11 所示。

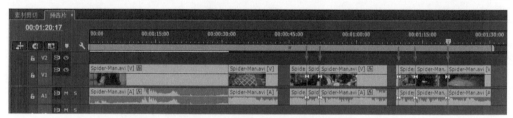

图 15-11　分割开准备删除的素材

（5）将 49:00 ～ 52:00、1:09:02 ～ 1:09:15、1:13:11 ～ 1:20:17 这三段报纸内容的素材删除掉，然后将各素材片段顺序连接在前面的素材之后，如图 15-12 所示。

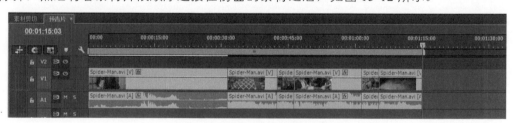

图 15-12　删除素材和连接素材

（6）在"素材剪切"时间轴中，将在"惩恶扬善"部分中分割出 5 个镜头素材，并将第三部分的"空中穿梭"内容选中，按 Ctrl+C 组合键复制，切换到"预告片"时间轴中，在原有素材之后的某个位置，按 Ctrl+V 组合键粘贴，这部分素材暂时放置在结尾部分，待下一步编辑，如图 15-13 所示。

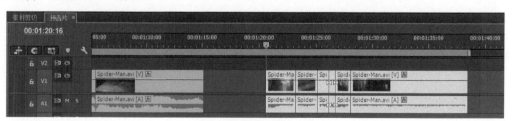

图 15-13　放置"空中穿梭"素材

4．制作文字特效

（1）在预告片的后一部分添加适当的文字信息，并对文字进行特效包装制作。这个制作任务可以使用其他专用的特效包装软件来完成，本例中使用 Adobe After Effects CC 来完成几个文字效果的制作，并分别保存在"立体文字 .aep"和"片花文字 .aep"两个 After Effects CC 的项目文件中。这里选择菜单命令"文件"→"Adobe Dynamic Link"→"导入 After Effects 合成图像"，打开"导入 After Effects 合成"对话框，在左侧的"项目"框中选中"立体文字.aep"，在右侧"合成"框中选择"立体文字"，单击"确定"按钮，将"立体文字"合成作为一段视频素材，以动态链接的方式，导入到项目面板中，如图 15-14 所示。

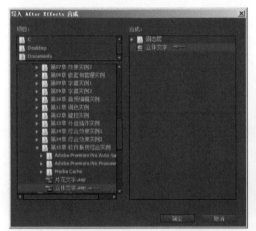

图 15-14　导入 After Effects 项目文件中的一个合成

"立体文字"的效果如图 15-15 所示。

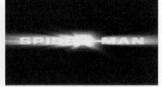

图 15-15　立体文字效果

> **提 示**
>
> 　　可以在 After Effects 中将"立体文字"合成渲染输出成 AVI 文件后，再将 AVI 文件导入到 Premiere Pro 中，这样虽然增加了输出 AVI 文件的步骤，但是在 Premiere Pro 中的渲染和播放将更流畅；而导入动态链接的方式则可以及时更新 After Effects 中的更改，例如，在 Premiere pro 的制作过程中发现动态链接的视频需要再进行修改或调整时，可以在 After Effects 中直接调整修改，之后在 Premiere Pro 中会自动更新。

（2）同样，选择菜单命令"文件"→"Adobe Dynamic Link"→"导入 After Effects 合成图像"，打开"导入 After Effects 合成"对话框，在左侧的"项目"框中选中"片花文字 .aep"，右侧"合成"框中显示出其有多个合成，配合使用 Ctrl 键选中 FOR、GO、NEXT SUMMER、SPIN、THE 和 ULTIMATE，单击"确定"按钮，将这 6 个合成分别作为一段视频素材导入到项目面板中，如图 15-16 所示。

图 15-16　导入 After Effects 项目文件中的 6 个合成

查看文字效果，如图 15-17 所示。

图 15-17　文字效果（续）

（3）结合文字信息对第三部分内容进行编辑，将原来顺序放置的 6 个"空中穿梭"镜头中的最后两个调换顺序，然后将文字 NEXT SUMMER 插入到第一个"空中穿梭"镜头之后，将文字 GO、FOR 和 THE 插入到第二个"空中穿梭"镜头之后，将文字 ULTIMATE 插入到第三个"空中穿梭"镜头之后，将文字 SPIN 插入到第四个"空中穿梭"镜头之后，将"立体文字"放置在最后，并将这些素材首尾相连接，如图 15-18 所示。

图 15-18　调整镜头顺序和插入文字效果片段

5．缩剪和修饰镜头衔接

（1）因为要求制作的长度为 1 分 30 秒，这里初步剪辑的长度过长，要进行适当的缩剪。可以挑选部分次要镜头进行删除。这里先在第 50:05 处按 Ctlr+K 组合键进行分割，删除 50:05 ～ 01:01:14 之间的素材，然后再从第二个片段前面删除部分车流的镜头，即在第 33:16 处按 Ctrl+K 组合键进行分割，然后删除 31:16 ～ 33:16 之间的素材，如图 15-19 所示。

图 15-19　分割出要删除的素材片段

（2）保持所有素材首尾相连接，这样整个片长控制在 1 分 30 秒的长度，如图 15-20 所示。

图 15-20　缩剪镜头调整片长

（3）对部分衔接的镜头进行修饰处理，这里采用白闪的效果，即简单地添加"渐隐为白色"过渡，将前一个镜头叠化到白色，然后再从白色叠化到后一个镜头。在效果面板中展开"过渡效果"下的"溶解"，将"渐隐为白色"拖至第 31:06 处，即前两个素材之间的视频上，添加一个 1 秒长的过渡，如图 15-21 所示。

图 15-21　在前两个素材间添加白闪过渡效果

闪白过渡效果如图 15-22 所示。

图 15-22　闪白过渡效果

（4）同样，在第 44:10 处即第三、四个素材之间添加一个 1 秒长的过渡，在第 52:01 处即第五、六个素材之间添加一个 1 秒长的过渡，在第 1:01:09 处即第六、七个素材之间添加一个 1 秒长的过渡，在第 1:23:16 处即倒数第三个、倒数第二个素材之间添加一个 1 秒长的过渡，如图 15-23 所示。

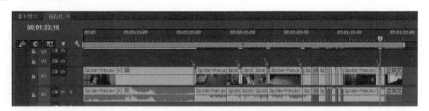

图 15-23　在其他相应素材之间添加闪白过渡效果

6．合成音乐

（1）影片的第一、二部分内容可以使用原有的音频，第三部分"空中穿梭"镜头及文字部分则需要添加新的音乐。将 1:01:19 之后素材的音频部分删除掉，可以在素材上右击，选择快捷菜单命令"取消链接"，然后单独选中音频部分，将其删除，如图 15-24 所示。

图 15-24　取消视音频的链接并删除音频部分

（2）在项目面板中将 MAIN TITLES.wav 拖至时间轴的 A2 轨道中，放置在入点为 59:00 的位置，如图 15-25 所示。

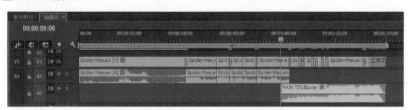

图 15-25　删除原有音频并放置新的音频

（3）对部分音频的出点和入点进行渐落和渐起效果处理，使音乐衔接流畅。这里单击选中 A1 和 A2 轨道，将时间移至两个轨道音乐首尾连接处，按 Ctrl+Shift+D 组合键，添加音频过渡效果，这样产生音频渐起和渐落的效果。对音频过渡的长度进行调整，使 A1 和 A2 轨道的音频渐落和渐起相重叠，如图 15-26 所示。

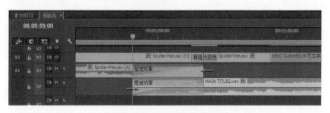

图 15-26　对音频进行渐起和渐落效果处理

7．预览输出结果

（1）通过以上的操作完成了预告片的制作，下面对预告片进行预览或输出。对于不能实时播放的部分，可以按 Enter 键进行渲染，渲染之后会在时间标尺下方显示绿色线条，这样就可以流畅地播放了。查看播放结果，整个预告片以惊险的"隐藏身份"剧情片段开始，然后转向观众最乐意看到的"惩恶扬善"内容，节奏层层推进，最后转为快速切换的文字特效及"空中穿梭"视觉特技镜头，并在高潮和震撼的音乐中打出电影标题。

（2）选择菜单命令"文件"→"导出"→"媒体"（快捷键 Ctrl+M 组合键），可以根据本书所介绍的输出设置知识点，设置需要的输出格式，输出最终的结果。

思考与练习

一、思考题

1．我们经常会在电视、网络及电影院里看到预告片的身影，请简述预告片有什么作用？

2．能不能将一部电影的主要内容情节缩编为一个预告片？这样有什么好处或坏处？

3．分析一下本实例预告片的结构和节奏。

二、练习题

1．按照本实例中预告片的文字信息，试用 After Effects 制作与本实例中相似的文字特效，也可以自己设计和制作出符合预告片风格的文字特效。

2．试用 After Effects 和 Premiere Pro 进行其他链接关系的制作。

Premiere Pro CC 快捷键精选

　　使用 Premiere Pro CC 进行制作时,软件的熟悉程度和操作技巧对工作效率有很大的影响。合理地使用软件的各项功能,以及利用键盘快捷键对大量的选择、设置、执行等操作进行优化和提速,是加快工作速度的前提。其中,快捷键在提高工作效率中扮演着重要的角色,熟练使用 Premiere Pro CC 软件,大量快捷键的操作是不可避免的,例如,简单的 Ctrl+D 组合键添加过渡,Ctrl+K 组合键分割素材。

　　可以针对常用的操作和顺手的键位,自定义 Premiere Pro CC 的快捷键。选择菜单命令"编辑"→"快捷键",打开"键盘快捷键"对话框,在其中进行实用快捷键的自定义并另存为一个预设。例如,自定义常用的"添加帧定格"为 F2 键,自定义常用的"链接"为 F3 键,以及将常用的分割素材(即设置中显示的"添加编辑")原来快捷键 Ctrl+K 组合键和 Ctrl+Shift+K 组合键修改为左手单手易操作的键位,例如,从其他未定义的 F4 键或 F7 键至 F12 键中来选择。键盘快捷键的设置如图 A-1 所示。

图 A-1　自定义键盘快捷键

　　这里精选出一些常用的快捷键,见表 A-1。测试并标记自己常用的一部分备用,对于熟练操作 Premiere Pro 十分有用。

表 A-1　常用的快捷键

结　　果	Windows	Mac OS	标　　记
文件部分			
序列	Ctrl+N	Cmd+N	
素材箱	Ctrl+/	Cmd+/	
字幕	Ctrl+T	Cmd+T	
打开项目 / 作品	Ctrl+O	Cmd+O	
在 Adobe Bridge 中浏览	Ctrl+Alt+O	Opt+Cmd+O	
关闭	Ctrl+W	Cmd+W	
保存	Ctrl+S	Cmd+S	
另存为	Ctrl+Shift+S	Shift+Cmd+S	
保存副本	Ctrl+Alt+S	Opt+Cmd+S	
从媒体浏览器导入	Ctrl+Alt+I	Opt+Cmd+I	

续表

结　　果	Windows	Mac OS	标　记
导入	Ctrl+I	Cmd+I	
导出媒体	Ctrl+M	Cmd+M	
退出	Ctrl+Q		
编辑部分			
撤销	Ctrl+Z	Cmd+Z	
重做	Ctrl+Shift+Z	Shift+Cmd+Z	
剪切	Ctrl+X	Cmd+X	
复制	Ctrl+C	Cmd+C	
粘贴	Ctrl+V	Cmd+V	
粘贴插入	Ctrl+Shift+V	Shift+Cmd+V	
粘贴属性	Ctrl+Alt+V	Opt+Cmd+V	
清除	Delete	Forward Delete	
波纹删除	Shift+Delete	Shift+Forward Delete	
复制	Ctrl+Shift+/	Shift+Cmd+/	
全选	Ctrl+A	Cmd+A	
取消全选	Ctrl+Shift+A	Shift+Cmd+A	
查找	Ctrl+F	Cmd+F	
编辑原始	Ctrl+E	Cmd+E	
剪辑部分			
制作子剪辑	Ctrl+U	Cmd+U	
音频声道	Shift+G	Shift+G	
速度/持续时间	Ctrl+R	Cmd+R	
插入	,	,	
覆盖	.	.	
启用	Shift+E	Shift+Cmd+E	
编组	Ctrl+G	Cmd+G	
取消编组	Ctrl+Shift+G	Shift+Cmd+G	
序列部分			
渲染作品效果 区域/入点到出点	Enter	Return	
匹配帧	F	F	
添加分割点	Ctrl+K	Cmd+K	
添加分割点到所有轨道	Ctrl+Shift+K	Shift+Cmd+K	
修剪编辑	T	T	
将选定编辑点扩展到 时间指示器	E	E	
应用视频过渡	Ctrl+D	Cmd+D	
应用音频过渡	Ctrl+Shift+D	Shift+Cmd+D	
应用默认过渡至选择项	Shift+D	Shift+D	
放大	=	=	
缩小	–	–	

续表

结　　果	Windows	Mac OS	标　　记
对齐	S	S	
标记部分			
标记入点	I	I	
标记出点	O	O	
标记剪辑	X	X	
标记选择项	/	/	
转到入点	Shift+I	Shift+I	
转到出点	Shift+O	Shift+O	
清除入点	Ctrl+Shift+I	Opt+I	
清除出点	Ctrl+Shift+O	Opt+O	
清除入点和出点	Ctrl+Shift+X	Opt+X	
添加标记	M	M	
转到下一标记	Shift+M	Shift+M	
转到上一标记	Ctrl+Shift+M	Shift+Cmd+M	
清除当前标记	Ctrl+Alt+M	Opt+M	
清除所有标记	Ctrl+Alt+Shift+M	Opt+Cmd+M	
窗口部分			
重置当前工作区	Alt+Shift+0	Opt+Shift+0	
音频剪辑混合器	Shift+9	Shift+9	
音频轨道混合器	Shift+6	Shift+6	
效果控件面板	Shift+5	Shift+5	
效果面板	Shift+7	Shift+7	
媒体浏览器面板	Shift+8	Shift+8	
节目监视器面板	Shift+4	Shift+4	
项目面板	Shift+1	Shift+1	
源监视器面板	Shift+2	Shift+2	
时间轴面板	Shift+3	Shift+3	
工具部分			
选择工具	V	V	
轨道选择工具	A	A	
波纹编辑工具	B	B	
滚动编辑工具	N	N	
变速工具	R	R	
剃刀工具	C	C	
外滑工具	Y	Y	
内滑工具	U	U	
钢笔工具	P	P	
手形工具	H	H	
缩放工具	Z	Z	
时间轴部分			
缩放到序列	\	\	

续表

结　　果	Windows	Mac OS	标　　记
清除选择项	Backspace	删除	
降低音频轨道高度	Alt+−	Opt+−	
降低视频轨道高度	Ctrl+−	Cmd+−	
增加音频轨道高度	Alt+=	Opt+=	
增加视频轨道高度	Ctrl+=	Cmd+=	
将所选剪辑向左移动 5 帧	Alt+Shift+ ←	Shift+Cmd+ ←	
将所选剪辑向左移动 1 帧	Alt+ ←	Cmd+ ←	
将所选剪辑向右移动 5 帧	Alt+Shift+ →	Shift+Cmd+ →	
将所选剪辑向右移动 1 帧	Alt+ →	Cmd+ →	
设置工作区栏的入点	Alt+[	Opt+[	
设置工作区栏的出点	Alt+]	Opt+]	
显示下一屏幕	Page Down	Page Down	
显示上一屏幕	Page Up	Page Up	
将所选剪辑向左滑动 5 帧	Alt+Shift+,	Opt+Shift+,	
将所选剪辑向左滑动 1 帧	Alt+,	Opt+,	
将所选剪辑向右滑动 5 帧	Alt+Shift+.	Opt+Shift+.	
将所选剪辑向右滑动 1 帧	Alt+.	Opt+.	
将所选剪辑向左滑动 5 帧	Ctrl+Alt+Shift+ ←	Opt+Shift+Cmd+ ←	
将所选剪辑向左滑动 1 帧	Ctrl+Alt+ ←	Opt+Cmd+ ←	
将所选剪辑向右滑动 5 帧	Ctrl+Alt+Shift+ →	Opt+Shift+Cmd+ →	
将所选剪辑向右滑动 1 帧	Ctrl+Alt+ →	Opt+Cmd+ →